从零开始学技术—建筑安装工程系列

工程电气设备安装调试工

葛新丽　主编

中国铁道出版社

2012年·北　京

内容提要

本书是按住房和城乡建设部、劳动和社会保障部发布的《职业技能标准》和《职业技能岗位鉴定规范》的内容，结合农民工实际情况，将农民工的理论知识和技能知识编成知识点的形式列出，系统地介绍了供配电线路安装、继电器的保护、变配电设备及低压电气的安装、电气照明安装、电梯的安装、防雷和装置的安装、工程电气设备安装调试工安全操作技术等。本书技术内容先进、实用性强，文字通俗易懂，语言生动，并辅以大量直观的图表，能满足不同文化层次的技术工人和读者的需要。

本书可作为建筑业农民工职业技能培训教材，也可供建筑工人自学以及高职、中职学生参考使用。

图书在版编目(CIP)数据

工程电气设备安装调试工/葛新丽主编．—北京：中国铁道出版社，2012．6
(从零开始学技术．建筑安装工程系列)
ISBN 978-7-113-13767-0

Ⅰ．①工…　Ⅱ．①葛…　Ⅲ．①建筑安装—电气设备
Ⅳ．①TU85

中国版本图书馆 CIP 数据核字(2011)第 223959 号

书　　名：从零开始学技术—建筑安装工程系列
　　　　　工程电气设备安装调试工
作　　者：葛新丽

策划编辑：江新锡　徐　艳
责任编辑：徐　艳　江新照　　电话：010－51873193
封面设计：郑春鹏
责任校对：孙　玫
责任印制：郭向伟

出版发行：中国铁道出版社(100054，北京市西城区右安门西街 8 号)
网　　址：http://www.tdpress.com
印　　刷：化学工业出版社印刷厂
版　　次：2012 年 6 月第 1 版　2012 年 6 月第 1 次印刷
开　　本：850mm×1168mm　1/32　印张：5．125　字数：121 千
书　　号：ISBN 978-7-113-13767-0
定　　价：15．00 元

从零开始学技术丛书
编写委员会

前　言

随着我国经济建设飞速发展，城乡建设规模日益扩大，建筑施工队伍不断增加，建筑工程基层施工人员肩负着重要的施工职责，是他们依据图纸上的建筑线条和数据，一砖一瓦地建成实实在在的建筑空间，他们技术水平的高低，直接关系到工程项目施工的质量和效率，关系到建筑物的经济和社会效益，关系到使用者的生命和财产安全，关系到企业的信誉、前途和发展。

建筑业是吸纳农村劳动力转移就业的主要行业，是农民工的用工主体，也是示范工程的实施主体。按照党中央和国务院的部署，要加大农民工的培训力度。通过开展示范工程，让企业和农民工成为最直接的受益者。

丛书结合原建设部、劳动和社会保障部发布的《职业技能标准》和《职业技能岗位鉴定规范》，以实现全面提高建设领域职工队伍整体素质，加快培养具有熟练操作技能的技术工人，尤其是加快提高建筑业基层施工人员职业技能水平，保证建筑工程质量和安全，促进广大基层施工人员就业为目标，按照国家职业资格等级划分要求，结合农民工实际情况，具体以“职业资格五级（初级工）”、“职业资格四级（中级工）”和“职业资格三级（高级工）”为重点而编写，是专为建筑业基层施工人员“量身订制”的一套培训教材。

同时，本套教材不仅涵盖了先进、成熟、实用的建筑工程施工技术，还包括了现代新材料、新技术、新工艺和环境、职业健康安全、节能环保等方面的知识，力求做到技术内容先进、实用，文字通俗易懂，语言生动，并辅以大量直观的图表，能满足不同文化层次的技术工人和读者的需要。

本丛书在编写上充分考虑了施工人员的知识需求，形象具体地阐述施工的要点及基本方法，以使读者从理论知识和技能知识

两方面掌握关键点。全面介绍了施工人员在施工现场所应具备的技术及其操作岗位的基本要求，使刚入行的施工人员与上岗“零距离”接口，尽快入门，尽快地从一个新手转变成为一个技术高手。

从零开始学技术丛书共分三大系列，包括：土建工程、建筑安装工程、建筑装饰装修工程。

土建工程系列包括：

《测量放线工》、《架子工》、《混凝土工》、《钢筋工》、《油漆工》、《砌筑工》、《建筑电工》、《防水工》、《木工》、《抹灰工》、《中小型建筑机械操作工》。

建筑安装工程系列包括：

《电焊工》、《工程电气设备安装调试工》、《管道工》、《安装起重工》、《通风工》。

建筑装饰装修工程系列包括：

《镶贴工》、《装饰装修木工》、《金属工》、《涂裱工》、《幕墙制作工》、《幕墙安装工》。

本丛书编写特点：

(1)丛书内容以读者的理论知识和技能知识为主线，通过将理论知识和技能知识分篇，再将知识点按照【技能要点】的编写手法，读者将能够清楚、明了地掌握所需要的知识点，操作技能有所提高。

(2)以图表形式为主。丛书文字内容尽量以表格形式表现为主，内容简洁、明了，便于读者掌握。书中附有读者应知应会的图形内容。

编者

2012年3月

目　　录

第一章　供配电线路安装

第一节　架空配电线路安装

【技能要点 1】杆位排定

(1)在进行杆位排定设计时，可按上述对架空线路的基本要求确定线路路径并在平面图上用实线表示，杆位用小圆圈表示；同时标注线路的档距、杆型、编号及标高；在架空线路中，沿线路方向相邻两杆塔导线悬挂点之间的水平距离称为档距(又称跨距)l，档距可根据线路通过的地区和电压类别，按表 1—1 所列数据范围选择确定。

表 1—1　架空线路的档距允许范围　　(单位：m)

线路通过地区	高压	低压
城区	40～50	30～45
城郊或乡村	50～100	40～60
厂区或居民小区	35～50	30～40

(2)对转角杆、分支杆还须标注干线或分支线的转角，对于转角杆、分支杆和终端杆，则应标注其拉线的型号及拉线与电杆的安装夹角等。

(3)线路上有跨越建筑设施处也应在平面图上标绘出。

(4)在室外进行杆位排定施工时，应按施工设计图纸勘测确定线路路径，先确定线路起点、终点、转角点和分支点等杆位，再确定直线段上的杆位(如直线杆、耐张杆)。施工常用“经纬仪定位法”或“三标杆定位法”确定杆位，并在地面上打入桩、辅标桩，在标桩上标注电杆编号、杆型等，以便确定是否需要装设拉线和组织挖掘施工等。

电杆简介

(1)直线杆(又叫中间杆)。位于线路的直线段上,仅作支持导线、绝缘子和五金具用。在正常情况下只承受导线的垂直荷重和风吹导线的水平荷重以及冬天覆冰荷重,而不能承受顺线路方向的导线拉力。当发生一侧导线断线时,它就可能向另一侧倾斜,在架空线路中直线杆数量最多,约占全部电杆数的80%以上。

(2)耐张杆。位于线路直线段上的几个直线杆之间,它机械强度大,能够承受电杆两侧不平衡拉力而不致倾倒。在线路正常运行时,耐张杆所承受的荷重与直线杆相同,但在一侧导线断线时,它可承受另一侧导线的拉力。所以耐张杆上的导线一般用悬式绝缘子串加耐张线夹或蝶式绝缘子固定。

架空电力线路在运行中有时可能发生断线事故,此时会造成电杆两侧受导线拉力不平衡,导致线路成批电杆倒杆事故,为了防止事故范围的扩大,减少倒杆数量,为此在架空电力线路中,每隔一定距离都要设置一耐张电杆,两个耐张电杆之间的距离一般在1～2 km左右。

(3)转角杆。位于线路改变方向的地方。这种电杆可能是耐张型的,也可能是加装措施的直线型的,视转角大小而定。它能承受两侧导线的合力而不致倾倒。

(4)终端杆。位于线路的首端与终端。在正常情况下,能承受线路方向的全部导线拉力。

(5)分支杆。它位于线路的分路处。有直线分支杆和转角分支杆。在主干线上多为直线型和耐张型,尽量避免在转角杆上分支;对分支线路来讲,分支杆相当于终端杆,要求能承受分支线路导线的全部拉力。

(6)跨越杆。当架空线路与公路、铁路、河流、架空管道、通信线路、其他电力线路等交叉时,必须满足规范规定的交叉跨越要求,以保证运行安全。一般直线电杆较低,大多不能满足要求,这就要加高电杆的高度和机械强度，保证导线足够的高度，保证导线与公路、铁路、河道及各种架空管线足够的安全距离。这种用作跨越公路、铁路、河流及各种管线的电杆叫跨越杆。跨越杆可以用铁塔，也可以用加高加强的钢筋混凝土杆，视地形环境及要求而定。

【技能要点2】挖坑

电杆按材质分，有木杆、金属杆和钢筋混凝土杆。目前施工中常用的是钢筋混凝土杆，一般为空心环形截面，且有一定锥度（一般为1∶75）。长度分8 m，9 m，……，15 m等7种，杆高及杆坑参考尺寸见表1—2。

表1—2　电杆埋深参考值　　（单位：m）

电杆高度	8	9	10	11	12	13	15
杆坑深度	1.5	1.6	1.7	1.8	1.9	2.0	2.3

注：本表适用于沙土、硬塑土且承载力为19.61～29.42 N/cm²。

杆坑深度与电杆高度及土质情况有关，对于承力杆（如终端杆、转角杆、分支杆和耐张杆）坑底应装设底盘。如果土质压力大于19.61 N/cm² 时，直线杆坑底可不装设底盘，但如果土质较差或水位较高时，直线杆坑底也应装设底盘，以提高线路的稳定性。

【技能要点3】立杆

1. 横担及绝缘子安装

(1)在横担及绝缘子设计安装时，应尽量选用同一型号规格的横担和绝缘子。单横担多用于直线杆和转角小于15°的转角杆上，而终端杆、分支杆、耐张杆和转角大于15°的转角杆则多选用双横担，可参考表1—3和表1—4选择。

表1—3　横担长度选择表　　（单位：mm）

横担长度	低压线路			高压线路		
	二线	四线	六线	二线	水平排列四线	陶瓷横担头部
铁横担	700	1500	2300	1500	2240	800

表 1—4　横担长度选择表　　(单位:mm)

导线截面 (mm^2)	低压直线杆	低压承力杆		高压直线杆	高压承力杆
		二线	四线以上		
16、25、35、50、70、95、120	∟50×5 ×63×6	2×∟50×5 2×∟75×8	2×∟63×8 2×∟75×8	∟63×6 ∟63×6	2×∟63×6 2×∟75×8

(2)横担一般应水平安装,且与线路方向垂直,其倾斜度不超过1%。直线杆上横担应装设在负荷侧,多层横担应装在同一侧,为了供电安全和检修方便,横担不应超过4层,横担间安全距离应不小于表1—5所列数据。对于转角杆、分支杆和终端杆,由于承受不平衡导线张力,应将横担装设在张力反方向侧。三相三线制架空线路,导线一般为三角形排列或水平排列;多回路同杆架设时,导线可三角形和水平混合排列。导线水平排列时,最高层横担距杆面300 mm;等腰三角形排列时,最高层横担距杆顶600 mm;等边三角形排列时,最高层横担距杆顶900 mm。

表 1—5　多回路导线共杆架设时横担最小间距　　(单位:mm)

导线排列方式	直线杆	分支杆或转角杆
高压对高压	800	450/600
高压对低压	1200	1000
低压对低压	600	300
高压对信号线路	2000	2000
低压对信号线路	600	600

注:高压转角杆横担或分支杆横担,距其上层横担450 mm,距其下层横担600 mm。

常用的导线型号、名称及主要用途

常用的导线按线芯材料可分为铜导线和铝导线；按线芯根数可分为单股线和多股线；按绝缘材料可分为塑料绝缘线和橡皮绝缘线等。常用导线型号、名称及重要用途见表1—6。

表1—6　常用的导线型号、名称及主要用途

<table>
<tr><th colspan="2">型号</th><th rowspan="2">名称</th><th rowspan="2">主要用途</th></tr>
<tr><th>铜芯</th><th>铝芯</th></tr>
<tr><td>BX</td><td>BLX</td><td>棉纱编织橡皮绝缘导线</td><td>固定敷设用,可明敷、暗敷</td></tr>
<tr><td>BXF</td><td>BLXF</td><td>氯丁橡皮绝缘导线</td><td>固定敷设用,可明敷、暗敷,尤其适用于户外</td></tr>
<tr><td>BV</td><td>BLV</td><td>聚氯乙烯绝缘导线</td><td>室内外电器、动力及照明固定敷设</td></tr>
<tr><td rowspan="3">—</td><td>NLV</td><td>农用地下直埋铝芯聚氯乙烯绝缘导线</td><td rowspan="3">直埋地下最低敷设温度不低于−15℃</td></tr>
<tr><td>NLVV</td><td>农用地下直埋铝芯聚氯乙烯绝缘和护套导线</td></tr>
<tr><td>NLYV</td><td>农用地下直埋铝芯聚乙烯绝缘聚氯乙烯护套导线</td></tr>
<tr><td>BXR</td><td>—</td><td>棉纱编织橡皮绝缘软线</td><td>室内安装,要求较柔软时用</td></tr>
<tr><td>BVR</td><td>—</td><td>聚氯乙烯软导线</td><td>同BV型,安装要求较柔软时用</td></tr>
<tr><td colspan="2">RXS</td><td>棉纱编织橡皮绝缘双绞软导线</td><td rowspan="2">室内干燥场所日用电器用</td></tr>
<tr><td colspan="2">RX</td><td>棉纱总编织橡皮绝缘软导线</td></tr>
<tr><td colspan="2">RV</td><td>聚氯乙烯绝缘软导线</td><td rowspan="3">日用电器、无线电设备和照明灯头接线</td></tr>
<tr><td colspan="2">RVB</td><td>聚氯乙烯绝缘平型软导线</td></tr>
<tr><td colspan="2">RVS</td><td>聚氯乙烯绝缘绞型软导线</td></tr>
</table>

注:凡聚氯乙烯绝缘导线安装,温度均不低于−15 ℃。

(3)横担及绝缘子装设在电杆上后，应对绝缘子进行外观检查，检查其表面有无裂纹，釉面有无脱落等缺陷，并用 2 500 V 兆欧表测量绝缘子的绝缘电阻，应不低于 300 MΩ。如果条件允许，还应进一步做耐压试验。

兆欧表的使用要点

(1)测量前，应切断被测设备的电源，并进行充分放电(约需 2～3 min)，以确保人身和设备安全。

(2)擦拭被测设备的表面，使其保持清洁、干燥，以减小测量误差。

(3)将兆欧表放置平稳，并远离带电导体和磁场，以免影响测量的准确度。

(4)对有可能感应出高电压的设备，应采取必要的措施。

(5)对兆欧表进行一次开路和短路试验，以检查兆欧表是否良好。试验时，先将兆欧表“线路(L)”、“接地(E)”两端钮开路，摇动手柄，指针应指在“∞”位置；再将两端钮短接，缓慢摇动手柄，指针应指在“0”处。否则，表明兆欧表有故障，应进行检修。

(6)兆欧表接线柱与被测设备之间的连接导线，不可使用双股绝缘线、平行线或绞线，而应选用绝缘良好的单股铜线，并且两条测量导线要分开连接，以免因绞线绝缘不良而引起测量误差。

(7)兆欧表在测量时，还须注意摇表上 L 端子应接电气设备的带电体一端，而 E 端子应接设备外壳或接地线。在测量电缆的绝缘电阻时，除把兆欧表接地端接入电气设备接地外，另一端接线路后，还须将电缆芯之间的内层绝缘物接保护环，以消除因表面漏电而引起读数误差。

(8)测量电容器的绝缘电阻时应注意，电容器的击穿电压必须大于兆欧表发电机发出的额定电压值。测试电容后，应先取下兆欧表表线再停止摇动手柄，以免已充电的电容向兆欧表放电而损坏仪表。

(9)使用兆欧表时，要保持一定的转速，接兆欧表的规定一般为120 r/min，容许变动±20%，在1 min后取一稳定读数。测量时不要用手触摸被测物及兆欧表接线柱，以防触电。

(10)测量时，所先用兆欧表的型号、电压值以及当时的天气、温度、湿度和测得的绝缘电阻值，都要一一记录下来，并据此判断被测设备的绝缘性能是否良好。

2. 拉线的类型选择

电杆上架设导线后，终端杆、转角杆和分支杆将承受不平衡导线张力而使线路失去稳定，因此必须装设拉线，以平衡各方位的拉力。土质松软地区，由于基础不牢固，也需要在直线杆上每隔5～10根装设人字拉线或四方拉线，以增强线路稳定性。

拉线简介

(1)尽头拉线(又叫普通拉线)。用于终端杆和分支杆。

(2)转角拉线。用于转角杆。

(3)人字拉线。用于基础不坚固和交叉跨越加高杆及较长的耐张段中间的直线杆上。

(4)高桩拉线(又叫水平拉线)。用于跨越杆。

(5)自身拉线。用于受地形限制，不能采用一般拉线处。上述几种拉线形式如图1—1所示。

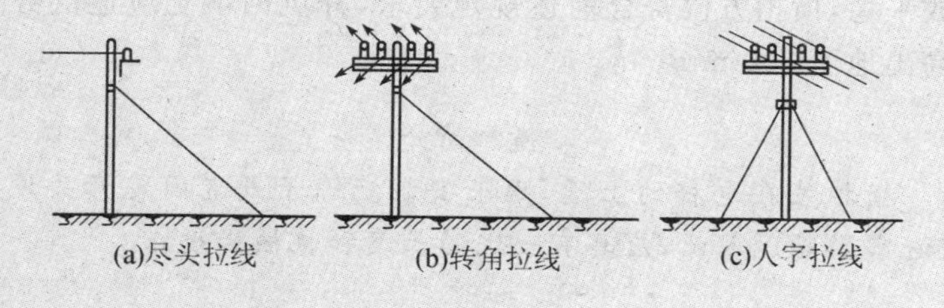

(a)尽头拉线　(b)转角拉线　(c)人字拉线

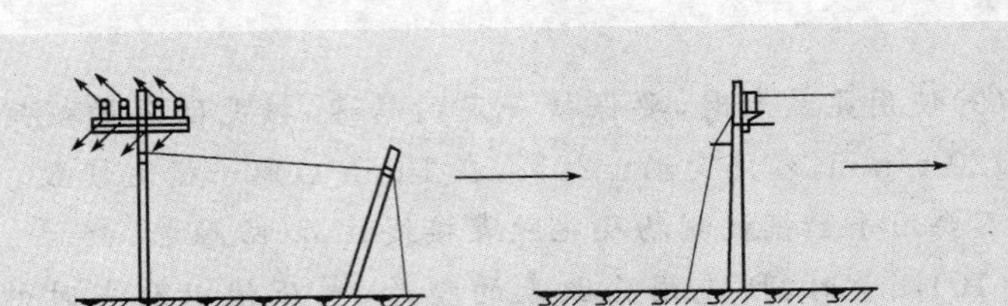

图 1—1　拉线的种类

拉线通常由上把、中把和下把组成。上把长约 2.5 m，上端用抱箍或套环固定在电杆合力作用点上，下端经拉线绝缘子及楔形线夹与中把相连接。下把的上端露出地面 0.5～0.7 m，经花篮螺栓与中把连接，下端与埋深 1.2～2 m 的水泥拉线底盘连接。拉线上把和中把多用 ϕ4 mm 镀锌铁线或镀锌钢绞线制成；下把大部分埋设在土壤中，容易受到腐蚀，故除了采用 ϕ4 mm 镀锌铁线或镀锌钢绞线外，还可采用 ϕ19 mm 镀锌铁拉棒，并涂以沥青防腐。当下把采用 ϕ4 mm镀锌铁线时，下把应比上把、中把多 2 股；Y 形拉线的下把为其上部两支拉线股数之和再加 1 股。如果下把超过 9 股时，应采用镀锌铁拉棒。拉线安装收紧后，应使杆顶向拉线一侧倾斜 1/2 杆稍直径。

立杆多采用汽车悬臂吊车吊装，应使电杆轴线与线路中心偏差不超过 150 mm。直线杆及耐张杆轴线应与地面垂直，倾斜度应小于其梢径的 1/4；而终端杆、转角杆和分支杆轴线应向拉线一侧倾斜，但倾斜度应不超过其梢径的 1/2。在立杆时，应注意将电杆安放平稳，横担方位符合前述规定要求，杆坑回填土应逐层夯实，并高出地面 300 mm。

横担简介

横担装在电杆的上端，用来安装绝缘子或者固定开关设备及避雷器等。因此，应具有一定的长度和机械强度。

横担按使用的材质分，有木横担、铁横担和陶瓷横担三种。木横担因易腐烂，使用年限短，现在已很少使用；铁横担是用角钢制成的，因其坚固耐用，所以目前应用最广，但需注意，在安装前均须镀锌，以防生锈；陶瓷横担又称瓷横担绝缘子，它同时起到横担和绝缘子两者的作用。陶瓷横担具有较高的绝缘水平，而且在线路导线发生断线故障时，能自动转动，不致因一处断线而扩大事故，并能节约木材、钢材，降低线路造价等特点。陶瓷横担由我国发明并首先在架空线路上使用，受到国际电力行业高度好评，并采用推广。瓷横担绝缘子的外形如图 1—2 所示。陶瓷横担在施工安装过程中，需注意防止冲击碰撞，以免瓷横担绝缘子破碎损坏。

图 1—2　陶瓷横担示意图

横担的安装形式有复合横担、正横担、交叉横担、侧横担等。复合横担用于线路的首端、终端和耐张杆上，它能承受线路方向导线的拉力；正横担用于线路的直线杆或转角角度不大的转角杆上，在正常情况下，不承受导线的拉力；交叉横担用于线路分支杆上，承受分支线路导线的拉力；侧横担用于电杆与建筑物的距离小于规定值时。

【技能要点 4】导线架设

导线架设的方法，见表 1—7。

表 1—7　导线架设的方法

项目	内容
放线	放线时应注意双路电源线路不得共杆架设，而对一般负荷供电的高、低压电力线路以及道路照明线路、广播线路、电话线路等可共杆架设，但横担布置及间距应符合图 1—3 所示布置要求。另外，同一电压等级的不同回路导线，导线截面较小的布置在下面，

续上表

项目	内容
放线	导线截面较大的布置在上方。三相导线排列相序应符合规定要求，即面向负荷从左侧起，高压电力线路：L1、L2、L3；低压电力线路：L1、N、L2、L3，且零线N靠近电杆。 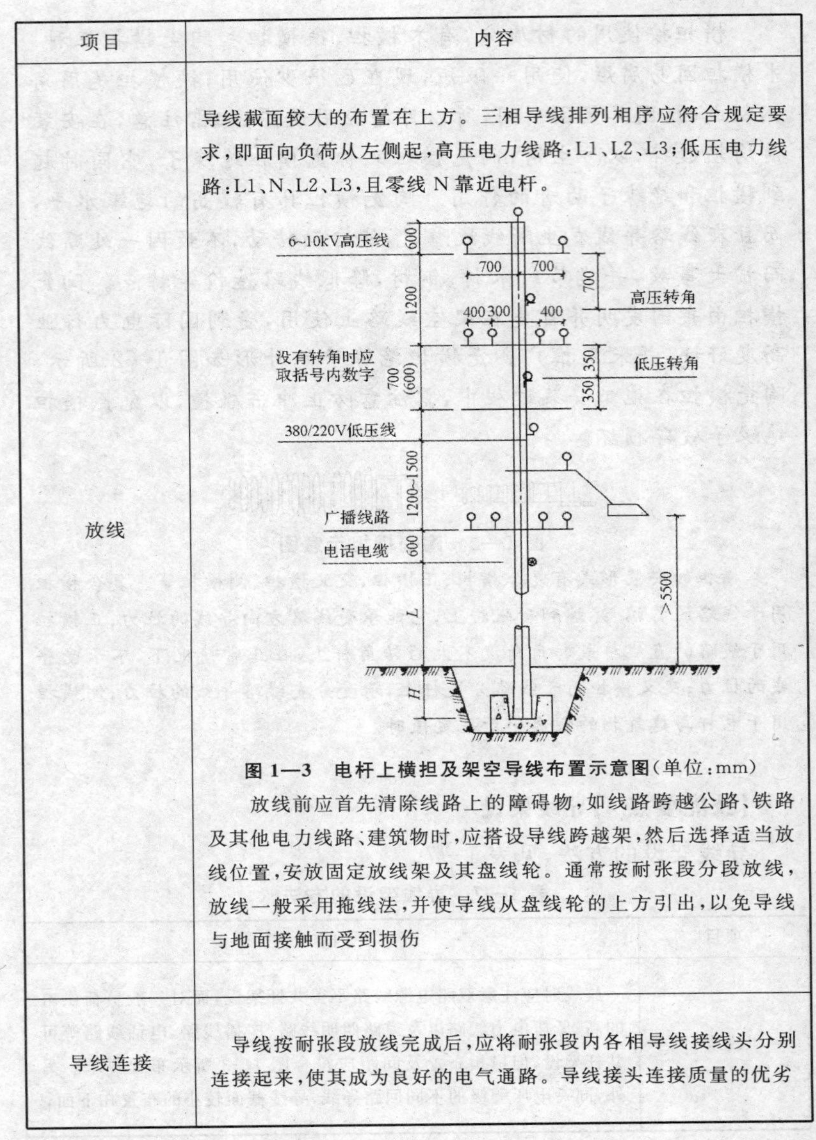 **图1—3　电杆上横担及架空导线布置示意图**(单位：mm) 放线前应首先清除线路上的障碍物，如线路跨越公路、铁路及其他电力线路、建筑物时，应搭设导线跨越架，然后选择适当放线位置，安放固定放线架及其盘线轮。通常按耐张段分段放线，放线一般采用拖线法，并使导线从盘线轮的上方引出，以免导线与地面接触而受到损伤
导线连接	导线按耐张段放线完成后，应将耐张段内各相导线接线头分别连接起来，使其成为良好的电气通路。导线接头连接质量的优劣

续上表

<table>
<tr><th>项目</th><th>内容</th></tr>
<tr><td>导线连接</td><td>将直接影响到线路的机械强度和电气工作性能，因此对导线连接提出以下要求：
①导线连接处的机械强度不得低于原导线机械强度的90%；
②导线连接处的接触电阻不得大于同长度导线电阻的1.2倍；
③不同金属、不同截面和不同捻绞方向的导线不能在档距中连接，其导线接头只能在电杆横担上的过引线处连接(过引线或引下线的相间净空距离应满足：1～10 kV线路应不小于300 mm；1 kV以下线路应不小于150 mm)。
另外，还须注意每个档距内每根导线最多只能有一个接头，当线路跨越铁路、公路、河流、电力线路或通讯线路时，则要求导线(包括避雷线)不能有接头。
导线的连接方法有钳压法、爆接法、螺接法和线夹连接等。例如导线接头在过引线(也称跳线)处进行，受力很小可用螺接法和线夹连接法；导线接头在档距之内进行，受力较大可用钳压法和爆压法。以钳压法为例，在压接之前，先将导线及连接套管内壁用中性凡士林涂抹一层，再用细钢丝刷在油内清洗，使之在与空气隔离情况下清除氧化膜，导线的清洗长度应为导线接头连接长度的1.25倍以上。清洗后，在导线表面和连接套管内壁涂抹一层凡士林锌粉膏，再用细钢丝刷擦刷，然后将带凡士林锌粉膏导线插入连接套管中，并使导线端头露出套管外端20 mm以上。再将连接套管连同导线放入液压压接钳的压模之中，按顺序要求压接，借助于连接套管与导线之间的握着力使两根导线紧密地连接起来，其压接顺序如图1—4所示。

图1—4　铝绞线连接套管压接顺序示意图</td></tr>
</table>

续上表

项目	内容
导线固定及其弧垂调整	导线固定及其弧垂调整。在线路档距内，由于导线自身荷重而产生下垂弧度。将导线下垂圆弧最低点水平切线与档距端导线悬挂点之间的垂直距离称作导线弧垂或驰度，弧垂必须满足施工要求。一般分耐张段进行紧线和弧垂调整，先将导线一端固定在起始耐张杆或其他承力杆上，在耐张段另一端的耐张杆上紧线。导线可逐根均匀收紧，也可以二线或三线同时均匀收紧，后一种方法紧线速度快，需要功率较大的牵引装置。如果耐张段较短和导线截面较小时，可用滑轮组和液压紧线器将导线收紧，而耐张段较长和导线截面较大时，则应采用卷扬机，并采取临时拉线加固措施将导线收紧。当导线收紧到一定程度时，要配合调节导线弧垂，使之符合设计要求
测试检查	(1)检查架空导线最低点距地面、建筑物、构筑物或其他设施的距离是否符合有关规范规定要求。 (2)检查架空线路的相序是否符合规定要求，线路两端的相位关系是否一致。 (3)检查测试线路绝缘电阻、过电压保护装置(如避雷器、避雷针及避雷线等)的接地电阻是否符合规定要求。 (4)在额定电压下，对线路进行三次空载冲击合闸试验，第一次冲击合闸试验应分相进行，第二、三次冲击合闸试验则三相同时进行。在各次冲击合闸试验中观察线路及设备、器件有无损坏或不正常现象

第二节　电缆线路安装

【技能要点 1】电力电缆的敷设

1. 电缆直接埋地敷设

电缆直接埋地敷设时，应先勘察选择敷设电缆的路径，以确保电缆不受机械损伤，并符合电缆直埋敷设施工要求。

(1)电缆埋地深度不小于0.7 m,穿越农田时应不小于1 m,在冰冻地带应埋设在冻土层以下。

(2)埋设电缆的土壤中如含有微量酸碱物质时,电缆应穿入塑料护套管保护或选用防腐电缆,也可以更换土壤或垫一层不含有腐蚀物质的土壤。

(3)电缆上下方需要各铺设100 mm厚的细砂或松软土壤垫层,在垫层上方再用混凝土板或砖覆盖一层,其覆盖电缆宽度应超出电缆两侧各50 mm,以减小电缆所受来自地面上的压力,其敷设剖面如图1—5所示。

(4)电缆如需穿越铁路、道路、引入或引出地面和建筑物基础、楼板、墙体等处时,电缆都应穿管保护。例如,电缆引入、引出地面时(如电缆从沟道引至电杆、设备、墙外表面或室内等人们易于接近处),应有2 m以上高度的金属管保护;电缆引入、引出建筑物时,其保护管应超出建筑物防水坡250 mm以上;电线穿过铁路、道路时,保护管应伸出路基两侧边缘各2 m以上等。

(5)电缆与其他设施交叉或平行敷设时,其间距应不小于表1—8的规定值,电缆不应与其他金属类管道较长距离平行敷设。

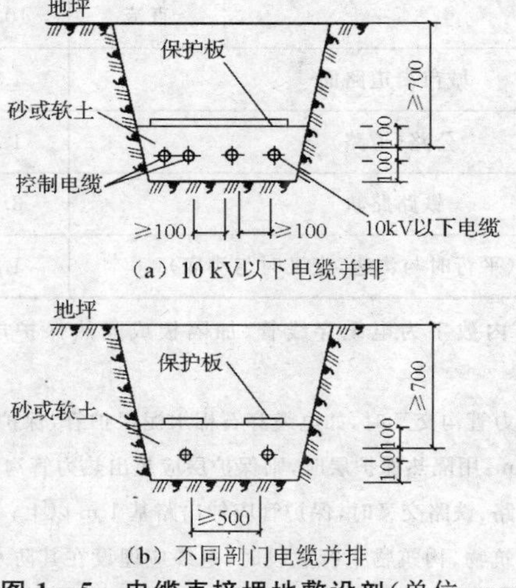

图1—5　电缆直接埋地敷设剖(单位:mm)

表 1—8　直埋电力电缆与各种设施的最小净距　　(单位:m)

设施名称		平行时	交叉时
建筑物、构筑物基础		0.6	—
电杆基础		1.0	—
电力电缆之间或电力电缆与控制电缆之间	>10 kV	0.25(0.1)	0.5(0.25)
	≤10kV	0.1	0.5(0.25)
通讯电缆		0.5(0.1)	0.5(0.25)
热力管道(管沟)及热力设备		2.0	(0.5)
油管道(管沟)		1.0	0.5
水管、压缩空气管(管沟)		0.5(0.25)	0.5(0.25)
可燃气体及易燃、可燃液体管道(管沟)		1.0	0.5(0.25)
电气化铁路路轨	交流	3.0	1.0
	直流	10.0	1.0
城市街道路面		1.0	0.7
公路(道路)		1.5	1.0
铁路路轨		3.0	1.0
排水明沟(平行时与沟边,交叉时与沟底)		1.0	0.5

注:1. 表中括号内数字为电缆穿线管、加隔板或隔热保护层后所允许的最小净距;

2. 电缆与热力管沟交叉时,如电缆穿石棉水泥保护管,保护管应伸出热力管淘两侧各 2 m:用隔热保护层时,则保护层应超出热力管沟和电缆两侧各 1m;

3. 电缆与道路、铁路交叉时,保护管应伸出路基 1 m 以上;

4. 电缆与建筑物、构筑物平行敷设时,电缆应埋设在其防水坡 0.1 m 以外,且距其基础在 0.5 m 以上。

常用电缆简介

常用电缆见表1—9。

表1—9　常用电缆

项目	内容
聚氯乙烯绝缘电力电缆	用于固定敷设交流50 Hz，额定电压1000 V及以下输配电线路，制造工艺简便，没有敷设高差限制，可以在很大范围内代替油浸纸绝缘电缆和不滴流浸渍纸绝缘电缆。主要优点是质量轻，弯曲性能好，机械强度较高，接头制作简便，耐油、耐酸碱和耐有机溶剂腐蚀，不延燃，具有内铠装结构，使钢带和钢丝免受腐蚀，价格较便宜，安装维护简单方便。缺点是绝缘易老化，柔软性不及橡皮绝缘电缆
交联聚乙烯绝缘电力电缆	用于固定敷设交流50 Hz，额定电压35 kV及以下的电力输配电线路中。交联聚乙烯绝缘电力电缆具有优良的电气性能和耐化学腐蚀性，介质损耗小，其正常运行温度为90 ℃，且结构简单，外径小，质量轻，载流量大（比聚氯乙烯绝缘的载流量提高10%～15%），使用方便，能在－15 ℃时进行敷设，敷设高差不受限制等。但它有延燃的缺点，且价格也较贵
橡皮绝缘电力电缆	橡皮绝缘电力电缆柔软、可挠性好，工作电压等级分0.5、1、3、6 kV等，其中0.5 kV电缆使用最多。如橡皮绝缘聚氯乙烯护套电力电线XV(XLV)适用于室内、电缆沟、隧道及管道中敷设，不能承受机械外力作用；橡皮绝缘钢带铠装聚氯乙烯护套电力电缆XV29(XLV29)适用于土壤中敷设，能承受一定机械外力作用，但不能承受大的拉力
油浸纸绝缘电力电缆	油浸纸绝缘电力电缆具有使用寿命长、工作电压等级高（有1、6、10、35、110 kV等）、热稳定性能好等优点，但制造工艺较复杂。其浸渍剂易滴流而使绝缘及散热能力下降，从而对此类电缆的敷设位差作出限制。现研制出一种不滴流浸渍油浸纸绝缘电力电缆，采用黏度大的特种油料浸渍剂，在规定工作温度以下时不易流淌，其敷设位差可达200 m，并可用热带地区。但制造工艺更为复杂，价格较贵

为了维护方便和不使挖填电缆沟土方量过大,同一路径上埋设的电缆根数不应超过 8 根,否则宜采用电缆沟敷设。在电缆埋设路径上,尤其是电缆与其他设施交叉、拐弯和有电缆接头的地方,应埋设高出地面 150 mm 左右的标桩,并标注电缆的走向、埋深和电缆编号等。电缆拐弯处的弯曲半径应符合表 1—10 的规定值;在终端头、中间接头等处应按要求预留备用长度;在电缆直埋路径上应有 2.5%的余量,使电缆在电缆沟内呈 S 形埋设,以消除电缆由于环境温度变化而产生的内应力。

表 1—10 电缆敷设弯曲半径与电缆和外径的比值

电缆护套类型		电力电缆		其他电缆多芯
		单芯	多芯	
金属护套	铅包	25	15	15
	铝包	30 *	30 *	30
	皱纹铝套、钢套	20	20	20
非金属护套		20	15	无铠装 10,有铠装 15

注:电力电缆中包括油浸纸绝缘电缆(包括不滴流浸渍电缆)、橡皮绝缘电缆和塑料绝缘电缆"*"为铝包电缆外径小于 40 mm,其比值选取 25。

2. 电线在电缆沟内敷设

电缆沟结构如图 1—6、表 1—11 所示。电缆沟通常采用砌砖或混凝土浇筑方式,电缆支架的固定螺栓在建造电缆沟时预埋。电缆沟内表面用细砂浆抹平滑,位于湿度大的土壤中或地下水位以下时,电缆沟应有可靠防水层,且每隔 50 m 左右设一口集水井,电缆沟底对集水井方向应有不小于 0.5%的坡度,以利于排水。电缆沟盖板一般采用钢筋混凝土盖板,每块盖板重不大于 50 kg。在室内,电缆沟盖板可与地面相平或略高出地面。在室外,为了防水,如无车辆通过,电缆沟盖板应高出地坪 100 mm,可兼作人行通道。如有车辆通过,电缆沟盖板顶部应低于地坪 300 mm,并用细砂土覆盖压实,盖板缝隙均用水泥砂浆勾缝密封。为了便于维护,室外长距离电缆沟应适当加大尺寸,一般深度为 1300 mm,宽度以不小于 700 mm 为宜。

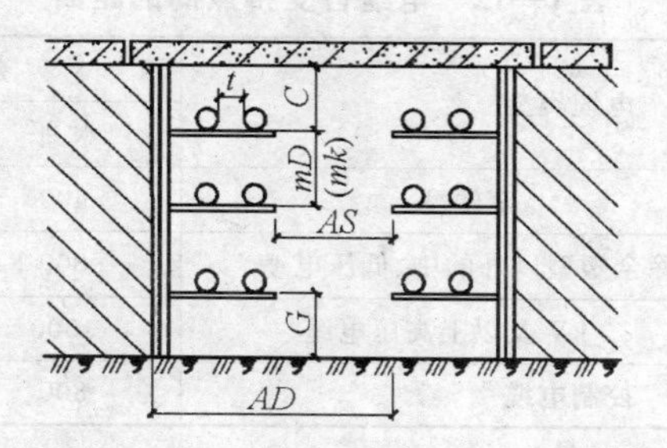

图 1—6　10 kV 以下电缆沟结构示意图

表 1—11　电缆沟参考尺寸　（单位：mm）

结构名称		符号	推荐尺寸	最小尺寸
通道宽度	单侧支架	*AD*	450	300
	双侧支架	*AS*	500	300
电缆支架层间距离	电力电缆	*mD*	150～250	150
	控制电缆	*mk*	130	120
电力电缆水平净距		*t*	35	35
最上层支架至盖板净距		*C*	150～200	150
最下层支架至沟底净距		*G*	50～100	50

电缆支架一般由角钢焊接而成，其支架层间净距不应小于 2 倍电缆外径加 10 mm，焊接时垂直净距与设计偏差不应大于 5 mm。另外其安装间距应不超过表 1—12 的规定数值。电缆支架经刷漆防腐处理后，即可安装到电缆沟内的预埋螺栓上，其安装高差应不超过 5 mm。在有坡度的电缆沟内或建筑物上安装的电缆支架，应与电缆沟或建筑物的坡度相同。电缆支架采用 ϕ6 mm 圆钢依次焊接连接后再可靠接地，接地电阻不应超过 10 Ω。

在敷设电缆时，应将高、低压电缆分开，电力电缆与控制电缆分开。如果是单侧电缆支架，电缆敷设应按控制电缆、低压电缆和高压电缆的顺序，自下而上地分层放置，各类电缆之间最好用水泥石棉板隔开。

表 1—12　电缆各支持点间的距离　　(单位:mm)

电缆类型		敷设方式	
		水 平	垂 直
电力电缆	全塑型	400	1000
	除全塑型以外的中、低压电缆	800	1500
	35 kV 及以上高压电缆	1500	2000
控制电缆		800	1000

【技能要点 2】电缆头的制作

1. 10 kV 交联电力电缆热缩型终端头的制作

10 kV 交联电力电缆热缩型终端头的制作,见表 1—13。

表 1—13　10 kV 交联电力电缆热缩型终端头的制作

项目	内容
剥除内、外护套和铠装	电缆经试验合格后,将其一端切割整齐,并固定在制作架上。然后根据电线终端头的安装位置至连接用电设备或线路之间的距离确定剥切尺寸。外护套剥切尺寸,即从电缆端头至剖塑口的距离,一般要求户内取 550 mm,户外取 750 mm^2 在外护套断口以上 30 mm^2 处用 1.5 mm^2 铜线扎紧,然后用钢锯沿外圆表面锯至铠装厚度的 2/3,剥去至端部的铠装。再从铠装断口以上留 20 mm,剥去至端部的内护层,割去填充物,并将线芯分开成三叉形,如图 1—7 所示 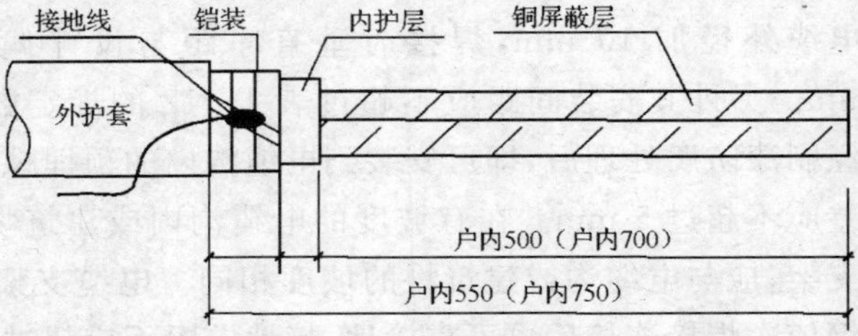 接地线　铠装　内护层　铜屏蔽层　外护套　户内500（户内700）　户内550（户内750） 图 1—7　10 kV 交联电缆终端头剥切尺寸(单位:mm)
焊接接地线	先将铠装打磨干净,刮净铠装附近的屏蔽层。然后将软铜编织带分成 3 股分别在每相的屏蔽层上用 1.5 mm^2 铜线缠扎 3 圈并焊牢,再将软铜编织带与铠装焊牢,从下端引出接地线,以使电缆在运行中使钢铠及屏蔽层能良好接地

续上表

项目	内容
固定三叉手套	线芯三叉处是制作电缆终端头的关键部位。先在三叉处包缠填充胶,使其形状为橄榄形,最大直径应大于电缆外径 15 mm。填充胶受热后能与其相邻材料紧密黏结,可起到消除气隙、增加绝缘的作用。然后套装三叉手套,在用液化气烤枪加热固定热缩手套时,应从中部向两端均匀加热,以利排除其内部残留气体
剥铜屏蔽层、固定应力管	从三叉手套指端以上 55 mm 处用胶带临时固定,剥去至电缆端部的铜屏蔽层之后,便可以看到灰黑色交联电缆的半导电保护层。在铜屏蔽层断口向上再保留 20 mm 半导电层,将其余半导电层剥除,并用四氯乙烯清洗剂擦净绝缘层表面的铅粉。 固定安装热缩应力管,从铜屏蔽切口向下量取 20 mm 作一记号,该点即为应力管的下固定点,用液化气烤枪沿底端四周均匀向上加热,使应力管缩紧固定,再用细砂布擦除应力管表面杂质,如图 1—8 所示 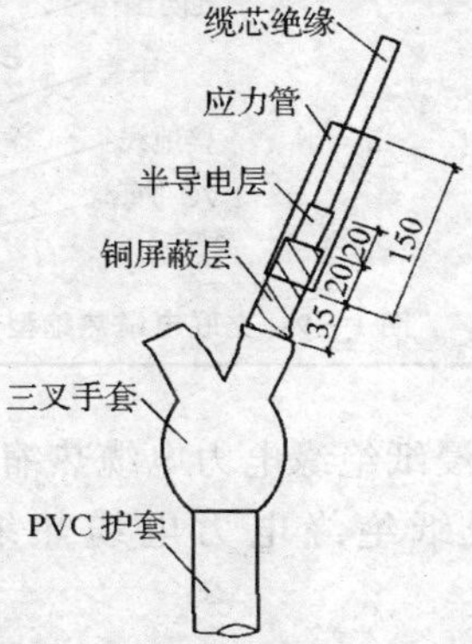 **图 1—8　热缩三叉手套和应力管的安装**(单位:mm)
压接线端子和固定绝缘管	剥除电缆芯线顶端一段绝缘层,其长度约为接线端子孔深 5 mm,并将绝缘层削成“铅笔头”形状,套入接线端子,用液压钳进行压接。最后在“铅笔头”处包绕填充胶,填充胶上部要搭盖住接线端子 10 mm,下部要填实线芯削切部分成橄榄状,以起密封端头作用。然后将绝缘管分别从线芯套至三叉手套根部,上部应超过填充胶 10 mm,以保证线端接口密封质量,并按上述方法加热固定,接着再套入密封管、相色管,经加热紧缩后即完成了户内热缩电缆头的制作。对于户外热缩电缆头,在安装固定密封管和相色管之前,还须先分别安装固定三孔防雨裙和单孔防雨裙

续上表

项目	内容
固定三孔防雨裙和单孔防雨裙	将三孔防雨裙套装在三叉手套指根上方(即从三叉手套指根至三孔防雨裙孔上沿)100 mm 处,第一个单孔防雨裙孔上沿距三孔防雨裙孔上沿为 170 mm,第二个单孔防雨裙孔上沿距第一个单孔防雨裙孔上沿为 60 mm。对各防雨裙分别加热缩紧固定后,再套装密封管和相色管,并分别加热缩紧固定,这样就完成了室外电缆终端头的制作,如图 1—9 所示 **图 1—9　交联电缆热缩型户外终端头**(单位:mm)

2.10 kV 油浸纸绝缘电力电缆热缩型终端头的制作

10 kV 油浸纸绝缘电力电缆热缩型终端头的制作,见表 1—14。

表 1—14　10 kV 油浸纸绝缘电力电缆热缩型终端头的制作

项目	内容
剥麻被护层、铠装和内垫层	电缆经试验合格后将其一端固定在制作架上,然后确定从电线端部到剖塑口的距离,一般户内取 660 mm,户外取 760 mm,并用 1.5 mm^2 细线或钢卡在该尺寸处扎紧,剥去至端部的麻被护层。在麻被护层剖切口向上 50 mm 处用钢带打一固定卡,并将铜编织带接地线卡压在铠装上,再剥去至端部的钢铠。这时可见由沥青及绝缘纸构成的内垫(护)层,它紧紧绕粘在铅包外表面,因此需要用液化气烤枪加热铅包表面的沥青及绝缘纸,加热时应注意烘烤均匀,以免烧坏铅包。用非金属工具将沥青及绝缘纸等内垫层剥除干净,如图 1—10 所示

续上表

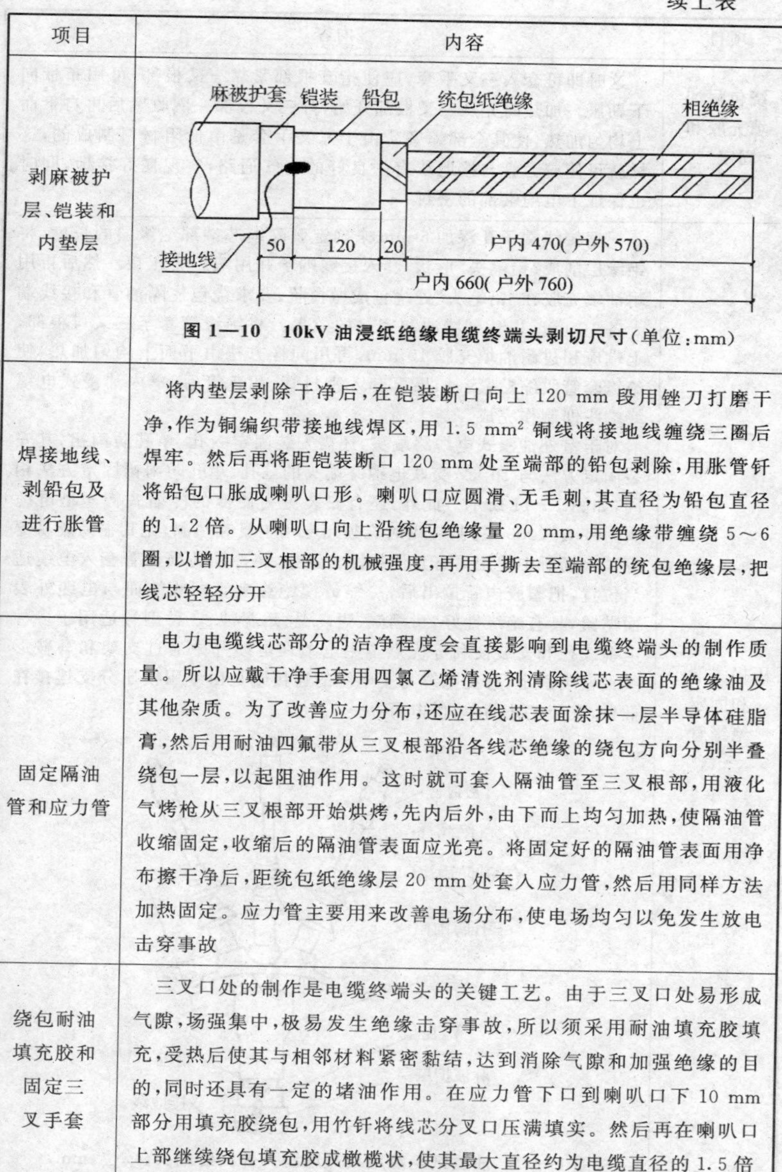

项目	内容
剥麻被护层、铠装和内垫层	**图 1—10　10kV 油浸纸绝缘电缆终端头剥切尺寸**(单位:mm)
焊接地线、剥铅包及进行胀管	将内垫层剥除干净后,在铠装断口向上 120 mm 段用锉刀打磨干净,作为铜编织带接地线焊区,用 1.5 mm^2 铜线将接地线缠绕三圈后焊牢。然后再将距铠装断口 120 mm 处至端部的铅包剥除,用胀管钎将铅包口胀成喇叭口形。喇叭口应圆滑、无毛刺,其直径为铅包直径的 1.2 倍。从喇叭口向上沿统包绝缘量 20 mm,用绝缘带缠绕 5～6 圈,以增加三叉根部的机械强度,再用手撕去至端部的统包绝缘层,把线芯轻轻分开
固定隔油管和应力管	电力电缆线芯部分的洁净程度会直接影响到电缆终端头的制作质量。所以应戴干净手套用四氯乙烯清洗剂清除线芯表面的绝缘油及其他杂质。为了改善应力分布,还应在线芯表面涂抹一层半导体硅脂膏,然后用耐油四氟带从三叉根部沿各线芯绝缘的绕包方向分别半叠绕包一层,以起阻油作用。这时就可套入隔油管至三叉根部,用液化气烤枪从三叉根部开始烘烤,先内后外,由下而上均匀加热,使隔油管收缩固定,收缩后的隔油管表面应光亮。将固定好的隔油管表面用净布擦干净后,距统包纸绝缘层 20 mm 处套入应力管,然后用同样方法加热固定。应力管主要用来改善电场分布,使电场均匀以免发生放电击穿事故
绕包耐油填充胶和固定三叉手套	三叉口处的制作是电缆终端头的关键工艺。由于三叉口处易形成气隙,场强集中,极易发生绝缘击穿事故,所以须采用耐油填充胶填充,受热后使其与相邻材料紧密黏结,达到消除气隙和加强绝缘的目的,同时还具有一定的堵油作用。在应力管下口到喇叭口下 10 mm 部分用填充胶绕包,用竹钎将线芯分叉口压满填实。然后再在喇叭口上部继续绕包填充胶成橄榄状,使其最大直径约为电缆直径的 1.5 倍

续上表

项目	内容
绕包耐油填充胶和固定三叉手套	这时即可套入三叉手套，应使指套根部紧靠三叉根部，可用布带向下勒压。加热时先从三叉根部开始，待三叉根部一圈收紧后再自下而上均匀加热，使其全部缩紧。由于三叉手套是由低阻材料制成的，这样就可使应力管与接地线有一良好的电气通路，实现良好接地，同时也保证了电缆端部的密封
压接线端子和固定绝缘管	根据接线端子孔深加 5 mm 来确定剥除缆芯端部绝缘层的长度，将绝缘层削成“铅笔头”形状，套入接线端子并用液压钳压接。然后再用耐油填充胶在“铅笔头”处绕包成橄榄状，要求绕包住隔油管和接线端子各 10 mm，以达到堵油和密封的效果。将绝缘管套至三叉口根部，上端应超过耐油填充胶 10 mm，再用同样方法由下而上均匀加热，使绝缘套管收缩贴紧。如果再套入密封管、相色管后，户内油浸式电缆终端头即制作完成。 对于室外油浸式电缆终端头，还需安装固定三孔、单孔防雨裙，其安装固定方法与 10 kV 交联电缆终端头的三孔、单孔防雨裙固定方法相同，如图 1—11 所示。此外，还有安装更为便捷的冷缩式橡塑型电缆头附件 QS2000 系列，使用时无须用专用工具和热源，尤其在易燃易爆等禁火场所中使用更有其优越性。例如，将冷缩铸模套管套入电缆适当位置，把塑胶内管拉出后，冷缩铸模绝缘套管即收缩而与电缆外表面贴紧，具有绝缘性好，耐潮湿、耐高温、耐腐蚀、一种型号适用于多种电缆线径和安装便利等优点。主电缆在电缆井中通过支架和马鞍形线夹安装固定，分支电缆与主电缆的连接则是由专用模压分支连接在插件，安装工艺简单，供电可靠 端子 密封管 绝缘管 单孔防雨裙 三孔防雨裙 手套 铠装 麻被护层 铅包 接地线 60 150 100 **图 1—11　油浸纸绝缘电线热缩型户外式终端头**(单位:mm)

【技能要点3】电力电缆试验

1. 绝缘电阻测量

根据所规定的各种电压等级电气设备的绝缘电阻标准，可选择合适量程的兆欧表。在表1—15中列出部分电气设备、器件的兆欧表选择范围，在表1—16中列出交联电力电缆允许绝缘电阻的最小值。对于油浸纸绝缘电力电缆，额定电压1～3 kV，绝缘电阻$R_j \geqslant 50$ MΩ；额定电压不小于6 kV，绝缘电阻$R_j \geqslant 100$ MΩ。测量1 kV及以上的电力电缆绝缘电阻时，可选用2.5～5 kV的兆欧表，测量1 kV以下电力电缆绝缘电阻时，则选用0.5～1 kV的兆欧表。

表1—15　测量部分电气设备、器件绝缘电阻时兆欧表选用范围

被测设备或器件	额定电压(V)	兆欧表工作电压(kV)
一般线圈	＜500	0.5
	≥500	1.0
发电机绕组	≤380	1.0
变压器、电机绕组	≤380	0.5
	≥500	1.0～2.5
其他电器设备	＜500	0.5～1.0
	≥500	2.5
刀闸开关、母线、绝缘子	—	2.5～5.0

表1—16　交联聚乙烯绝缘电力电缆允许绝缘电阻最小值(单位：MΩ)

额定电压(kV)	电缆截面(mm²)		
	16～35	50～95	120～124
6～10	2000	1500	1000
20	3000	2500	2000
35	3500	3000	2500

在测量电缆线间或某相对铠装及地的绝缘电阻时，须先将电缆的电源切断，与所连接的电气设备或线路断开，再将兆欧表的“线”端与待侧电缆的某相缆芯连接，兆欧表的“地”端与另两相缆芯及铠装连接，并以 120 转/分钟转速摇动兆欧表手柄（电动兆欧表则需按动开启按钮），持表针稳定后读取读数即为电缆某一相对另外两相及地的绝缘电阻。注意在换相测量时应对电缆进行充分放电，以保证测量操作人员和设备的安全。

2. 电缆耐压与泄漏电流试验

为了减少电缆线路电感、电容等带来的影响，本试验应采用高压直流电源，如图 1—12 所示。高压试验整流装置主要由自耦变压器 TC_1、轻型 YD 系列高压试验变压器 TM、高压整流元件（高压整流管 U 或高压半导体硅堆）、限流电阻 R 和滤波电容 C 等组成，其输出高压直流电压施加到电缆的某一相与另外两相及地之间。

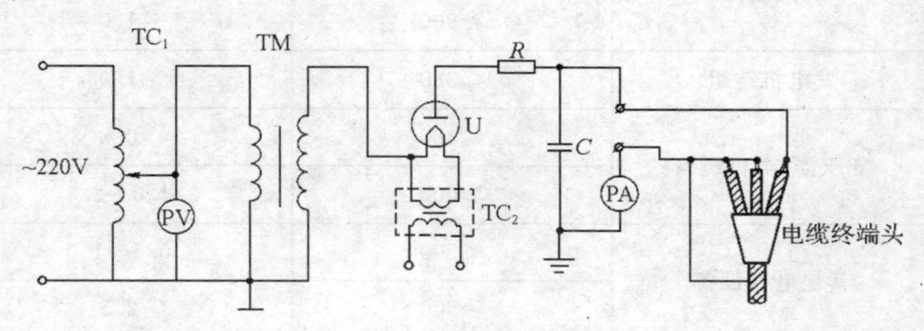

图 1—12　电力电缆耐压试验殛泄漏电流试验线路

电力电缆耐压试验标准为：①油浸纸绝缘电力电缆额定电压 $V_N=1\sim10$ kV 时，试验电压取 $V_S=6\ V_N$；额定电压 $V_N=15\sim35$ kV时，试验电压取 $V_S=5\ V_N$，试验持续时间均为 10 min。②交联聚乙烯绝缘电力电缆和聚氯乙烯绝缘聚氯乙烯护套电力电缆额定电压 $V_N=1$、6、10、20、35 kV 时，均取 $V_S=2.5\ V_N$，试验持续时间为 15 min。对于 1 kV 以下橡皮绝缘电缆，可不做耐压试验。

在进行耐压试验时，可同时进行泄漏电流试验。如果将屏蔽式高压微安表 PA 串联在整流装置的正极输出端上，测量精度较高，由于采用了屏蔽措施，故可减少杂散电流的影响。但是，读表操作时较为危险，因此常将微安表串接在整流装置的负极输出端上，虽然测量精度有所降低，但高压微安表可不带屏蔽装置，读表操作也较为安全。

试验时可依次施加额定电压的25％、50％、75％和100％试验电压值，分别读表记录相应的泄漏电流值，以判断电缆是否受潮，质量是否符合规范规定要求。在表1—17中列出了长度$L \leqslant$ 250 m油浸纸绝缘电力电缆的最大允许泄漏电流值。如果电缆长度$L > 250$ m，泄漏电流允许值可按电缆长度按比例增加。对于质量优良的电缆，在试验时确保正确接线、且使杂散电流减至最小的条件下，在规定试验电压范围内，其泄漏电流与试验电压大小应近似为线性关系。当试验电压$V_S = (4 \sim 6)V_N$时，泄漏电流为0.5～1倍的规定最大允许泄漏电流值。如果泄漏电流超过以上倍数时，或随耐压试验持续时间有上升现象时，就说明电缆存在缺陷。这时可适当提高试验电压或延长耐压试验持续时间，以进一步判断电缆存在的故障问题。

表1—17　油浸纸绝缘电力电缆最大允许泄漏电流

电缆芯数	三根					单根		
额定电压(kV)	3	6	10	20	35	3	6	10
泄漏电流(μA)	24	30	60	100	115	30	45	70

注：L应不大于250 m。

第三节　室内配线安装

【技能要点】室内配线敷设安装的要求

(1)必须采用绝缘导线。

(2)进户线过墙应穿管保护，距地面不得小于2.5 m，并应采取防雨措施，进户线的室外端应采用绝缘子固定。

(3)室内配线只有在干燥场所才能采用绝缘子或瓷(塑料)夹明敷，导线距地面高度：水平敷设时，不得小于2.5 m；垂直敷设

时，不得小于 1.8 m，否则应用钢管或槽板加以保护。

(4)室内配线所用导线截面，应根据用电设备的计算负荷确定，但铝线截面不得小于 2.5 mm^2，铜线截面不得小于 1.5 mm^2。

(5)绝缘导线明敷时，采用钢索配线的吊架间距不宜大于 12 m，采用绝缘子或瓷(塑料)夹固定导线时，导线及固定点间的允许距离见表 1—18，采用护套绝缘导线时，允许直接敷设于钢索上。

表 1—18　室内采用绝缘导线明敷时导线及固定点间的允许距离

布线方式	导线截面(mm^2)	固定点间最大允许距离(mm)	导线线间最小允许距离(mm)
瓷(塑料)夹	1～4	600	—
	6～10	800	—
用绝缘子同定在支架上布线	2.5～6	＜1500	35
	6～25	1500～3000	50
	25～50	3000～6000	70
	50～95	＞6000	100

(6)凡明敷于潮湿场所和埋地的绝缘导线配线均应采用水、煤气钢管，明敷或暗敷于干燥场所的绝缘导线配线可采用电线钢管，穿线管应尽可能避免穿过设备基础。管路明敷时其固定点间最大允许距离应符合表 1—19 的规定。

表 1—19　金属管固定点间的最大允许距离　(单位：mm)

公称口径(m)	15～20	25～32	40～50	70～100
煤气管固定点间距离	1500	2000	2500	3500
电线管固定点间距离	1000	1500	2000	—

(7)室内埋地金属管内的导线，宜用塑料护套塑料绝缘导线。

(8)金属穿线管必须作保护接零。

(9)在有酸碱腐蚀的场所，以及在建筑物顶棚内，应采用绝缘导线穿硬质塑料管敷设，其固定点间最大允许距离应符合表1—20

的规定。

表 1—20　塑料管固定点间的最大允许距离　（单位：mm）

公称口径（mm）	20 及以下	25～40	50 及以上
最大允许偏差（mm）	1000	1500	2000

（10）穿线管内导线的总截面积（包括外皮）不应超过管内径截面积的 40%。

（11）当导线的负荷电流大于 25 A 时，为避免涡流效应，应将同一回路的三相导线穿于同一根金属管内。

（12）不同回路、不同电压及交流与直流的导线，不应穿于同一根管内，但下列情况除外：

1）供电电压在 50 V 及以下者。

2）同一设备的电力线路和无须防干扰要求的控制回路。

3）照明花灯的所有回路，但管内导线总数不应多于 8 根。

第四节　母线安装

【技能要点 1】母线材料检验

（1）外观检查：母线材料表面不应有气孔、划痕、坑凹、起皮等质量缺陷。

（2）截面检验：用千分尺抽查母线的厚度和宽度（应符合标准截面的要求），硬铝母线的截面误差不应超过 3%。

（3）抗拉极限强度：硬铝母线的抗拉极限强度应为 12 kg/mm^2 以上。

（4）电阻率：温度为 20℃时，铝母线的电阻率应为 $\rho=0.0295\times10^{-6}\ \Omega\cdot m$。

（5）延伸率：铝母线的延伸率为 4%～8%。

【技能要点 2】母线矫正

母线材料要求平直，对弯曲不平的母线应进行矫正，其方法有手工矫正和机械矫正。手工矫正时，可将母线放在平台上或平直、

光滑、洁净的型钢上，用硬质木锤直接敲打，如弯曲较大，可在母线弯曲部位垫上垫块(如铝板、木板等)用大锤间接敲打。对于截面较大的母线，可用母线矫正机进行矫正。

【技能要点 3】测量下料

母线在下料前，应在安装现场测量母线的安装尺寸，然后根据实测尺寸下料。若安装的母线较长，可在适当地点进行分段连接，以便检修时拆装，并应尽量减少母线的接头和弯曲数量。

【技能要点 4】母线的弯曲

母线的弯曲，见表 1—21。

表 1—21　母线的弯曲

<table>
<tr><th>项目</th><th>内容</th></tr>
<tr><td>母线平弯</td><td>
母线平弯时可用平弯机，如图 1—13 所示。操作时，将需要弯曲的部位划上记号，再把母线插入平弯机的两个滚轮之间，位置调整无误后，拧紧压力丝杠，慢慢压下平弯机手柄，使母线平滑弯曲。
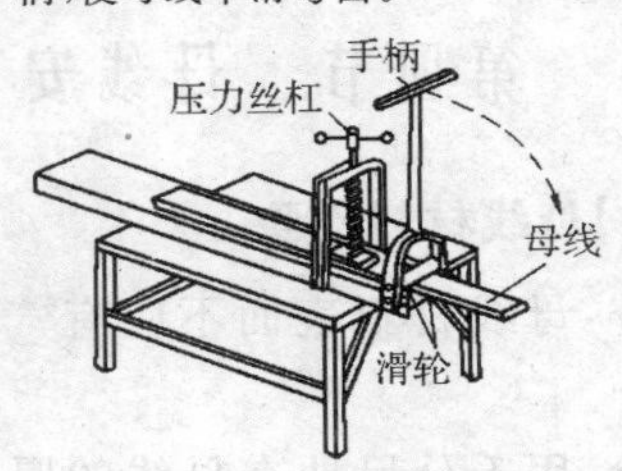

图 1—13　母线平弯机
弯曲小型母线时可使用台虎钳。先将母线置于台虎钳口中(钳口上应垫以垫板)，然后用手扳动母线，使母线弯曲到需要的角度，母线弯曲的最小允许弯曲半径应符合表 1—22 的要求。
表 1—22　硬母线最小弯曲半径
<table>
<tr><th rowspan="2">母线截面尺寸 $a\times b$</th><th colspan="3">平弯最小弯曲半径(mm)</th><th colspan="3">立弯最小弯曲半径(mm)</th></tr>
<tr><th>铜</th><th>铝</th><th>钢</th><th>铜</th><th>铝</th><th>钢</th></tr>
<tr><td>＜(50 mm×5 mm)</td><td>26</td><td>$2b$</td><td>$2b$</td><td>$1a$</td><td>$1.5a$</td><td>$0.5a$</td></tr>
<tr><td>＜(120 mm×10 mm)</td><td>26</td><td>$2.5b$</td><td>$2b$</td><td>$1.5a$</td><td>$2a$</td><td>$1a$</td></tr>
</table>
注：a—母线宽度；b—母线厚度
</td></tr>
</table>

续上表

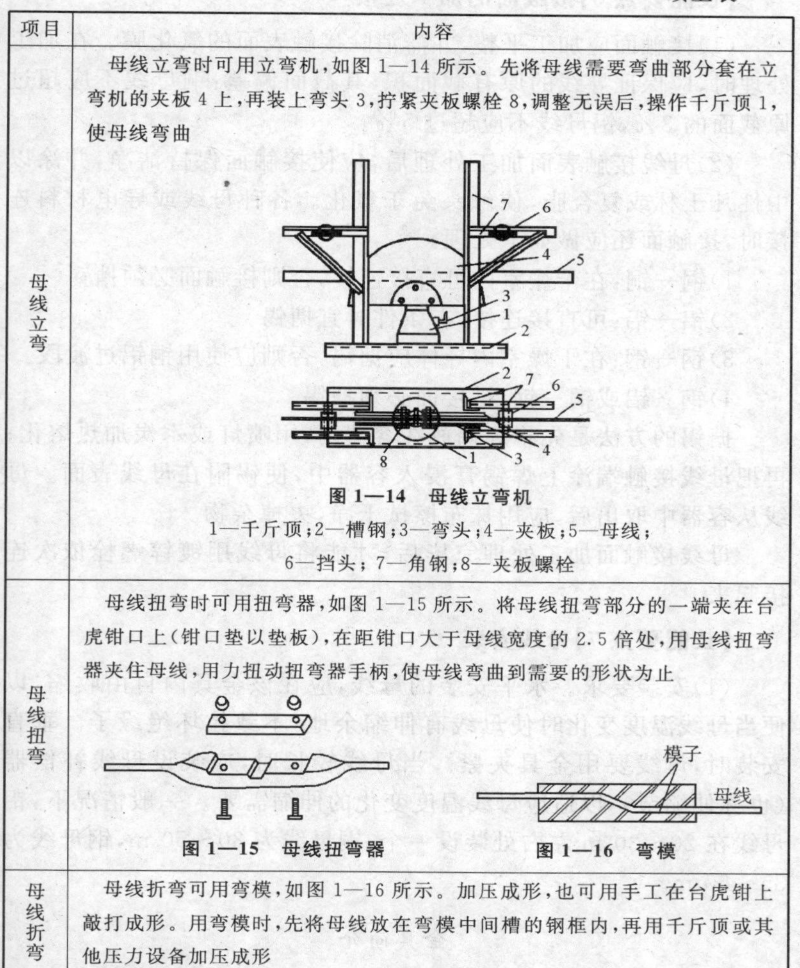

项目	内容
母线立弯	母线立弯时可用立弯机，如图 1—14 所示。先将母线需要弯曲部分套在立弯机的夹板 4 上，再装上弯头 3，拧紧夹板螺栓 8，调整无误后，操作千斤顶 1，使母线弯曲 **图 1—14　母线立弯机** 1—千斤顶；2—槽钢；3—弯头；4—夹板；5—母线； 6—挡头；7—角钢；8—夹板螺栓
母线扭弯	母线扭弯时可用扭弯器，如图 1—15 所示。将母线扭弯部分的一端夹在台虎钳口上（钳口垫以垫板），在距钳口大于母线宽度的 2.5 倍处，用母线扭弯器夹住母线，用力扭动扭弯器手柄，使母线弯曲到需要的形状为止 **图 1—15　母线扭弯器**　　**图 1—16　弯模**
母线折弯	母线折弯可用弯模，如图 1—16 所示。加压成形，也可用手工在台虎钳上敲打成形。用弯模时，先将母线放在弯模中间槽的钢框内，再用千斤顶或其他压力设备加压成形

【技能要点 5】钻孔

母线连接或母线与电气设备连接所需要的拆卸接头，均用螺栓搭接紧固。所以，凡是用螺栓固定的地方都要在母线上事先钻好孔眼，其钻孔直径应大于螺栓直径 1 mm。

【技能要点6】接触面的加工连接

(1)接触面应加工平整,并需消除接触表面的氧化膜。在加工处理时,应保证导线的原有截面积,其截面偏差:铜母线不应超过原截面的3%,铝母线不应超过5%。

(2)母线接触表面加工处理后,应使接触面保持洁净,并涂以中性凡士林或复合脂,使触头免于氧化。各种母线或导电材料连接时,接触面还应做如下处理。

1)铜—铜:在干燥室内可直接连接,否则接触面必须搪锡。

2)铝—铝:可直接连接,有条件时宜搪锡。

3)钢—钢:在干燥室内导体应搪锡,否则应使用铜铝过渡段。

4)钢—铝或铜—钢:搭接面必须搪锡。

搪锡的方法是先将焊锡放在容器内,用喷灯或木炭加热熔化;再把母线接触端涂上焊锡膏浸入容器中,使锡附在母线表面。母线从容器中取出后,应用抹布擦拭干净,去掉杂物。

母线接触面加工处理完毕后,才能将母线用镀锌螺栓依次连接起来。

【技能要点7】母线安装

(1)安装要求。水平安装的母线,应在该金具内自由收缩,以便当母线温度变化时使母线有伸缩余地,不致拉坏绝缘子。垂直安装时,母线要用金具夹紧。当母线较长时,应装设母线补偿器(也称伸缩节),以适应母线温度变化的伸缩需要。一般情况下,铝母线在20～30 m左右处装设一个,铜母线为30～50 m,钢母线为35～60 m。

金具简介

1. 连接金具

这类金具是用来连接导线与绝缘子或绝缘子与杆塔横担的,因此要求它具有连接可靠、转动灵活、机械强度高、抗腐蚀性能好和施工维护方便等性能。属这类金具的有耐张线夹、碗头挂板、球头挂环、直角挂板、U形挂环等。外形如图1—17所示。

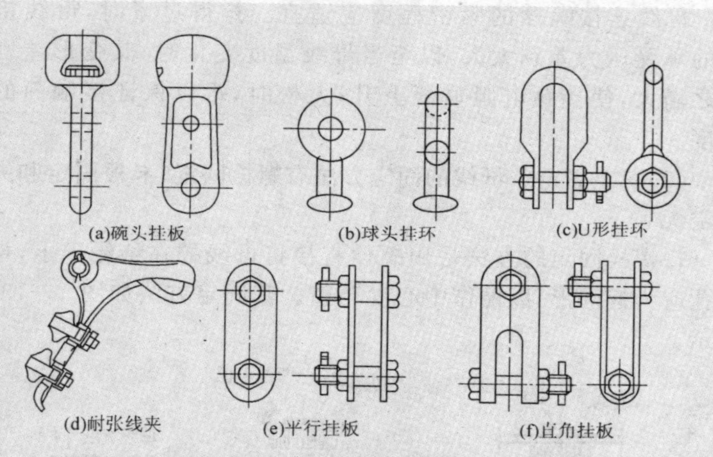

图 1—17 常用连接金具

2. 接续金具

这类金具用于接续断头导线。要求其能承受一定的工作拉力,有可靠的工作接触面,有足够的机械强度。属这类金具的有铝压接管和在耐张杆上连通导线的并沟线夹等。

3. 拉线金具

这类金具用于拉线的连接和承受拉力之用。属这类金具的有楔形线夹、UT形线夹、钢线卡子、花篮螺丝等。外形如图1—18所示。

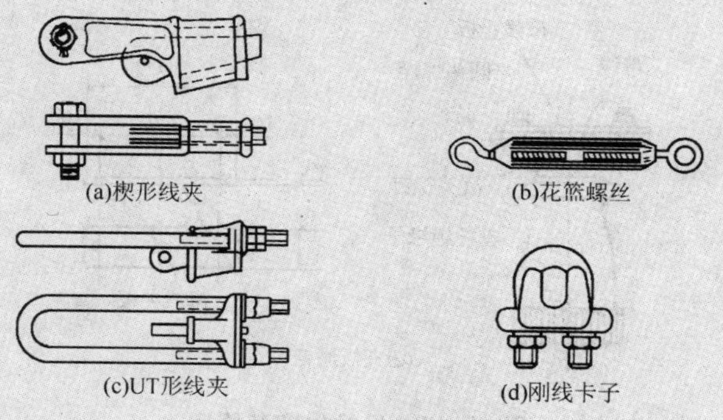

图 1—18 常用拉线金具

母线连接螺栓的紧密程度应适宜。拧得过紧时，母线接触面的承受压力差别太大，以至当母线温度变化时，其变形差别也随之增大，使接触电阻显著上升；太松时，难以保证接触面的紧密度。

(2)安装固定。母线的固定方法有螺栓固定、卡板固定和夹板固定。

1)螺栓固定的方法是用螺栓直接将母线拧在绝缘子上，母线钻孔应为椭圆形，以便作中心度调整。其固定方法如图 1—19(a)所示。

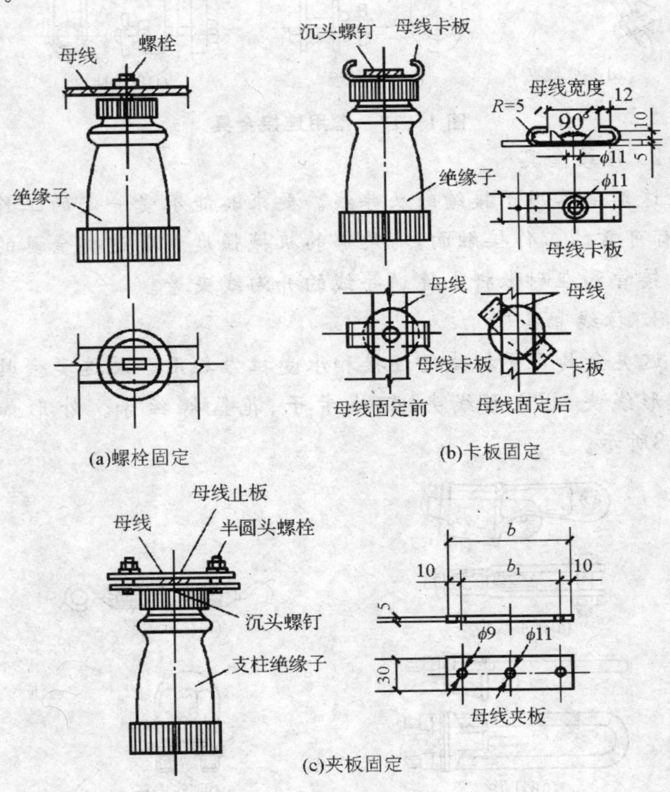

图 1—19　母线的安装固定

2)卡板固定是先将母线放置于卡板内,待连接调整后,再将卡板按顺时针方向旋转,以卡住母线,如图 1—19(b)所示。如为电车绝缘子,其安装如图 1—20 所示。

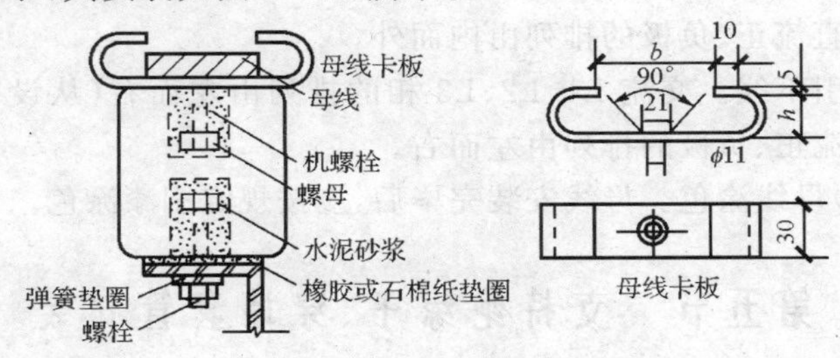

图 1—20 电车绝缘子固定母线

3)用夹板固定的方法无需在母线上钻孔。先用夹板夹住母线,然后在夹板两边用螺栓固定,并且夹板上压板应与母线保持1～1.5 mm的间隙,当母线调整好(不能使绝缘子受到任何机械应力)后再进一步紧固,如图 1—19(c)所示。

(3)母线补偿器的安装。母线补偿器多采用成品伸缩补偿器,也可由现场制作。它由厚度为 0.2～0.5 mm 的薄铜片叠合后与铜板或铝板焊接而成,其组装后的总截面不应小于母线截面的 1.2 倍。母线补偿器间的母线连接处,开有纵向椭圆孔,螺栓不能拧紧,以供温度变化时自由伸缩。

【技能要点 8】母线拉紧装置

当硬母线跨越柱、梁或跨越屋架敷设时,线路一般较长,因此,母线在终端及中间端处,应分别装设终端及中间拉紧装置。母线拉紧装置一般可先在地面上组装好后,再进行安装。拉紧装置的一端与母线相连接,另一端用双头螺栓固定在支架上。母线与拉紧装置螺栓连接处应使用止退垫片,螺母拧紧后卷角,以防止松脱。

【技能要点 9】母线排列和涮漆涂色

(1)母线排列。一般由设计规定,如无规定时,应按下列顺序布置。

1)垂直敷设。交流 L1、L2、L3 相的排列由上而下;直流正、负极的排列由上而下。

2)水平敷设。交流 L1、L2、L3 相的排列由内而外(面对母线,下同);直流正、负极的排列由内而外。

3)引下线。交流 L1、L2、L3 相的排列由左而右(从设备前正视);直流正、负极的排列由左而右。

(2)母线涂色。母线安装完毕后,应按规定刷漆涂色。

第五节 支持绝缘子、穿墙套管安装

【技能要点 1】支持绝缘子安装

支持绝缘子安装的方法,见表 1—23。

表 1—23 支持绝缘子安装的方法

项目	内容
支架制作	支架应根据设计施工图制作,通常用角钢或扁钢制成。加工支架时,其螺孔宜钻成椭圆孔,以便进行绝缘子中心距离的调整(中心偏差不应大于 2 mm)。支架安装的间距要求是:母线为水平敷设时,一般不超过 3 m;垂直敷设时,不应超过 2 m;或根据设计确定
支架安装	支架安装的步骤一般是首先安装首尾两个支架,以此为固定点,拉一直线,然后沿线安装,使绝缘子中心在同一条直线上。支架安装方法如图 1—21 所示 (a)低压绝缘子支架水平安装图 (b)高压绝缘子支架水平安装图

续上表

项目	内容
支架制作	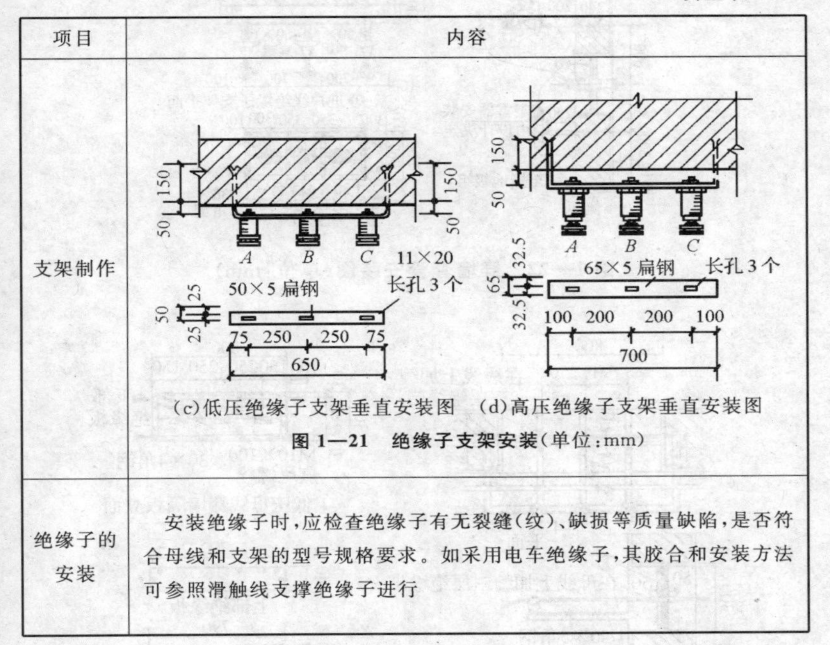 (c)低压绝缘子支架垂直安装图　(d)高压绝缘子支架垂直安装图 **图 1—21　绝缘子支架安装**(单位:mm)
绝缘子的安装	安装绝缘子时,应检查绝缘子有无裂缝(纹)、缺损等质量缺陷,是否符合母线和支架的型号规格要求。如采用电车绝缘子,其胶合和安装方法可参照滑触线支撑绝缘子进行

【技能要点 2】穿墙套管和穿墙板安装

(1)10 kV 穿墙套管的安装。穿墙套管按安装场所分为室内型和室外型;按结构分为铜导线穿墙套管和铝排穿墙套管。

其安装方法:土建施工时,在墙上留一长方形孔,在长方孔上预埋一个角铁框,以固定金属隔板,套管则固定在金属隔板上,如图 1—22 所示。也有的在土建施工时预埋套管螺栓和预留 3 个穿套管用的圆孔,将套管直接固定在墙上(通常在建筑物内的上下穿越时使用)。

(2)低压母线穿墙板的安装。穿墙板的安装与穿墙套管相类似,只是穿墙板无需套管,并将角铁框上的金属隔板换成上、下两部分的绝缘隔板,其安装如图 1—23 所示。穿墙板一般装设在土建隔墙的中心线,或装设在墙面的某一侧。

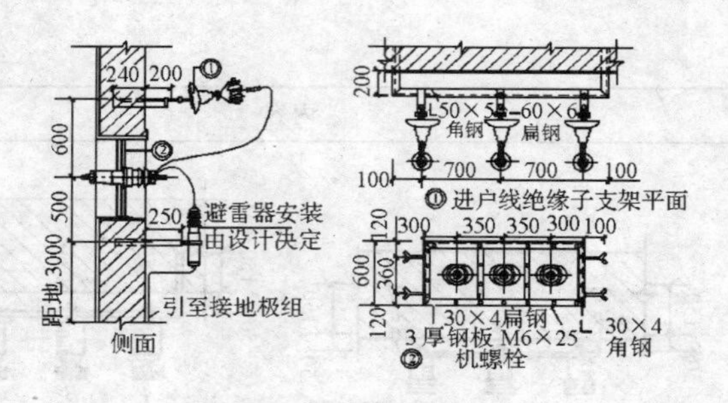

图 1—22　穿墙套管安装图(单位:mm)

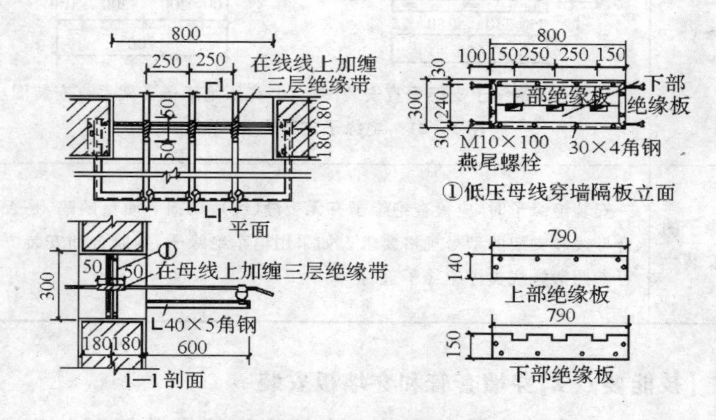

图 1—23　低压母线穿墙板安装图(单位:mm)

(3)安装要求。

1)同一水平线垂直面上的穿墙套管应位于同一平面上,其中心线的位置应符合设计要求。

2)穿墙套管垂直安装时,法兰盘应装设在上面;水平安装时,法兰盘应装设在外面,安装时不能将套管法兰盘埋入建筑物的构件内。

3)穿墙套管安装板孔的直径应大于套管嵌入部分 5 mm。

4)穿墙套管的法兰盘等不带电的金属构件均应做接地处理。

5)套管在安装前,最好先经工频耐压试验合格,也可用1000 V

或 2500 V 的摇表测定其绝缘电阻(应大于 1000 MΩ),以免安装后试验不合格。

(4)熔丝的规格。其规格应符合设计要求,并无弯折、压扁或损伤,熔体与熔丝应压接紧密。

第二章　继电器的保护

第一节　继电器保护装置的作用

【技能要点 1】电气故障

电气故障的分类，见表 2—1。

表 2—1　电气故障

项目	内容
短路故障	短路故障是各类故障中破坏性最强、危害性最大的电气故障，从力和热等方面损坏电气设备。它包括三相短路、二相短路、单相短路和短路过电流故障等。故障的形式出现在供电线路、变压器、电动机、电气照明及其他用电设备供电中。短路电流的大小由供电电压、供电设备容量、短路阻抗决定。越靠近电源侧，短路阻抗越小，短路电流越大。三相短路电流要比二相短路电流大，二相短路电流要比单相短路电流大
接地故障	接地故障是各类故障中较常见的故障，当接地故障出现时将产生零序电流，它将破坏供电的稳定性和对称性。接地故障包括单相接地、两相两点接地和三相短路接地等形式
电压故障	电压故障是供电极不稳定的一种故障形式。低电压故障，一般出现的较多，而且呈现的时间较长，多为伴随着短路故障的出现电压锐减。过电压故障有外部过电压和内部过电压两种
过负荷故障	过负荷故障一般出现在设备运行中，此故障电流要比短路故障电流小得多，短时间内线路、设备都能承受，不会造成破坏，但长时间运行，能加速设备绝缘的老化，破坏设备的绝缘性能，以至造成绝缘的热烧损故障

【技能要点 2】继电保护的作用

(1)正常运行时，继电保护通过高电压、大电流的变换元件接入电路，进行信号处理，监视发电、变电、输电、配电、用电等各环节的正常运行状态。

（2）当配电系统存在异常运行状态时，继电保护应灵敏反应、可靠运作，瞬时或延时发出预告信号，根据运行维护的具体条件和设备的承受能力，减负荷或延时跳闸，提示值班员尽快处理。异常运行状态包括中性点不接地系统的单相接地故障，变压器的油面下降、温度升高、轻瓦斯动作、过负荷，电动机的温度升高、过负荷，电力系统振荡，非同期运行等运行状况。

变压器的构造及工作原理

1. 变压器的构造

电力变压器主要由铁芯和套在铁芯上的绕组构成。为了改善散热条件，大、中容量的变压器的铁芯和绕组浸入盛满油的封闭油箱中，各绕组对外线路的连接则经绝缘套管引出。为了使变压器安全、可靠地运行，还有油枕、安全气道、无励磁分接开关和瓦斯继电器等附件。图 2—1 为油浸式电力变压器的结构外形图。

2. 变压器的工作原理

变压器的基本工作原理就是电磁感应原理，单相变压器的原理图如图 2—2 所示。

图中一次绕组与交流电源相接，于是在第一次绕组中就有交变电流流过，这个交变电流便在铁芯中产生交变磁通。从电磁感应原理可知，交变磁通便在一、二次绕组中产生感应电动势。若变压器的二次绕组与负载相接，对负载来说，二次绕组中的感应电动势就相当于电源的电动势。如果二次绕组所接负载是一只灯泡，则交流电能通过铁芯中的交变磁通从一次绕组传递到二次绕组中而使灯泡发光。只要适当地选择变压器一、二次绕组的匝数，就可以利用变压器达到改变交流电压和电流大小的目的。

在闭合铁芯回路的芯柱上绕有两个互相绝缘的绕组。与电

源相接的绕组叫一次侧绕组，其匝数为 N_1；与负载相连接的绕组叫二次侧绕组，其匝数为 N_2。

由此可见，变压器一、二次绕组的电流大小与绕组的匝数成反比，即绕组匝数多的一侧电压高，电流小；匝数小的一侧电压低，电流大。

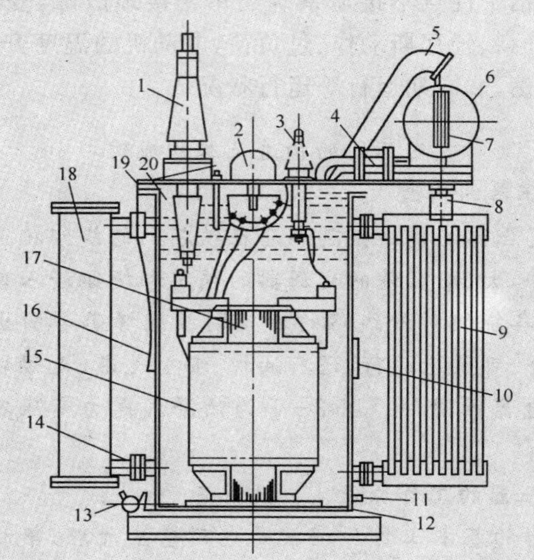

图 2—1　油浸式电力变压器结构示意图

1—高压套管；2—分接开关；3—低压套管；4—气体继电器；5—安全气道(防爆管)；6—油枕(储油柜)；7—油表；8—呼吸器(吸湿器)；9—散热器；10—铭牌；11—放油孔；12—底盘槽钢；13—油阀；14—油管法兰；15—绕组；16—油温计；17—铁芯；18—散热器；19—肋板；20—箱盖

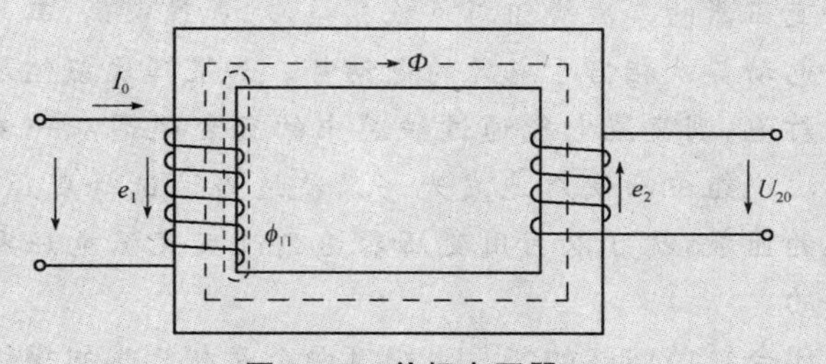

图 2—2　单相变压器

以上分析是单相变压器的工作原理，利用三个单相变压器就可实现三相电源的变压。实际上为了节省材料和提高变压器的效率，可直接制成一个三相变压器，其工作原理与单相变压器的相同。

(3)当配电系统发生各种故障时，继电保护将故障元件从系统中快速、准确、自动切除，使其损坏程度减至最轻，防止事故扩大，确保非故障部分继续运行。各种故障包括系统发生单相接地短路、两相短路、三相短路；设备线圈内部发生匝间短路、层间短路等。

(4)依据实际情况，尽快恢复停电部分的供电。故障切除后，被切部分尽快投入运行。有条件可借助继电保护的自动重合闸、备用电源自动投入和按周波自动减载方式工作，缩小故障停电面。

(5)继电保护装置可实现供电系统的自动化和远动化。它包括遥控、遥测、遥调、遥信。

第二节　继电器保护装置的检验要求

【技能要点1】继电保护装置检验的类型

(1)新安装设备的交接检验。它包括继电器特性试验和整定试验，跳合闸的整组动作试验及传动试验的全部工作。由此建立起最原始的继电保护资料供以后运行参考。

(2)运行中设备的定期检验。可以每两年进行一次定期检验，对继电保护装置进行全部检查、复查、审核继电保护的定值检验工作，并进行传动试验。

(3)运行中设备的补充检验。遇有情况可对继电保护装置进行随时地检查、复查、更改、变动等。

【技能要点2】继电保护装置检验应注意的问题

(1)在全部或部分带电的盘柜上进行检验时，应将检修的设备、带电与不带电的设备明显区分隔离开并设立标志。

(2)继电保护在通电试验时要通知所有现场工作人员,并挂牌设立带电区方可进行通电。

(3)所有电流互感器、电压互感器的二次线圈应有永久性的、可靠的接地(保护接地)。

(4)当需要在带电的电流互感器二次回路上工作时,应采取以下安全措施:

1)严禁将电流互感器二次侧开路。

2)短路电流互感器二次线圈时,必须使用短路片或截面积不小于 2.5 mm^2 的铜线进行短路,短接要可靠,严禁缠绕。

3)严禁在电流互感器二次线圈与短路端子间的二次回路上进行工作。

4)工作必须认真谨慎,不得将回路的永久接地点断开。

5)工作时必须使用绝缘安全工具,并站在绝缘垫上,而且有专人监护。

(5)当需要在带电的电压互感器二次回路上工作时,应采取以下安全措施:

1)严禁将电压互感器二次线圈短路,必要时可在工作开始前停用有关保护装置。

2)应用绝缘工具,戴手套。

3)当需接上临时负载时,必须装设专用闸刀和熔断器。

熔断器简介

熔断器是当电流超过规定值一定时间后,能以其本身产生的热量使熔体熔化而分断电路的电器,广泛用于短路保护及过载保护,俗称的“保险丝”“保险片”或“保险管”都是熔断器。熔断器由熔体(熔丝或熔片)和安装熔体的装置组成,熔体用熔点较低的金属(如铅、锡、锌、铜、银、铝)或它们的合金制成。

熔断器的原理是电流的热效应,流过熔体的正常工作电流产生的热量不足以使熔体熔断,过载电流产生的热量使熔体在一定时间内(如几秒钟至几分钟内)熔断,短路电流一般很大,能使熔体很快熔断。

熔断器广泛用于电气设备的短路保护，在要求不高的场合也可以用于过载保护。常用的熔断器有瓷插式熔断器、无填料管式熔断器、有填料熔断器、快速熔断器等。

(1)瓷插式熔断器。

瓷插式熔断器由瓷座、瓷盖(插件)、触头和熔丝组成，熔线装在瓷盖上，如图2—3所示。这种熔断器体积小、价格低、使用方便，但由于灭弧能力差，分断电流的能力较低，并且所用熔丝的熔化特性不很稳定，故只适用于负载不大的照明线路和小功率(7.5 kW以下)电动机的短路保护，要求不高时也可以作过载保护。

(2)无填料管式熔断器。

采用变截面锌片做熔体，熔体装在用钢纸制作的密封绝缘管内，绝缘管直接插在安装底座上，如图2—4所示。无填料管式熔断器经过几次分断动作之后，其绝缘管内壁变薄，灭弧效率和机械强度降低，为了使用安全，一般分断三次之后就应该换管。这种熔断器的灭弧能力强，分断能力高，适用于一般场合的短路保护和过载保护。

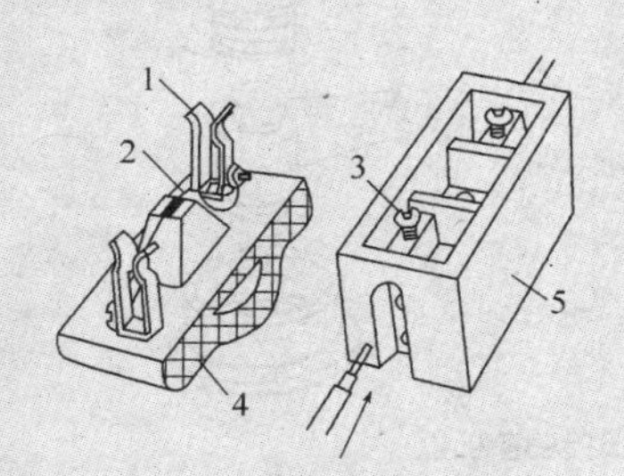

图2—3　瓷插式熔断器

1—动触并没有；2—熔丝；3—静触头；4—瓷盖；5—瓷座

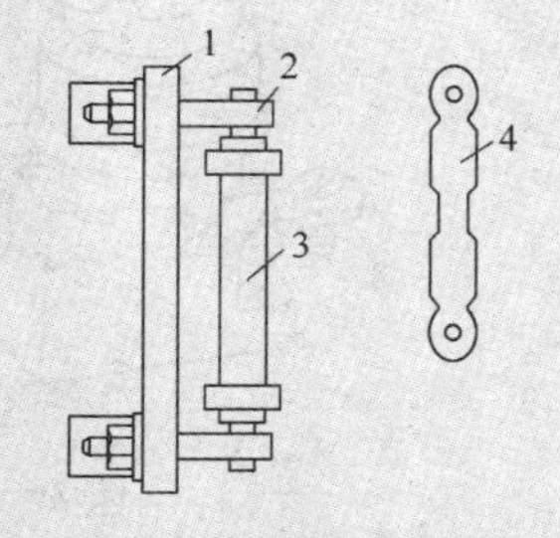

图2—4　无填料管式熔断器

1—底板；2—刀座；3—熔管；4—熔体

(3)有填料熔断器。

有填料熔断器分螺旋式和管式两种。螺旋式有填料熔断器

由瓷座、螺旋式瓷帽和熔管组成，熔管是内装熔体的瓷管，熔体的周围填满了石英砂，用来分散和冷却电弧，如图 2—5 所示。管式有填料熔断器呈圆管形或方管形，两端有刀形接触片，管体由陶瓷制成，内装熔体，熔体周围填满了石英砂。当熔体熔断时，这两种熔断器熔管一端的红色指示片变色脱落，给判断熔体是否熔断带来了方便。填料的使用提高了熔断器的保护性能，但由于熔管是一次性使用，故成本较高。有填料熔断器主要用于要求较高、短路电流很大场合的短路保护和过载保护。

(4)快速熔断器。

快速熔断器最大特点是熔体用银制成，熔体的熔断时间很短，并且有显著的限流能力(在短路电流未达到最大值之前就能把电流切断)。快速熔断器用于需要特殊保护的场合，例如用于硅整流器件及其成套装置的短路和过载保护。硅整流器件(硅二极管、晶闸管)的过载能力很差，不能采用一般熔断器，必须采用快速熔断器保护。快速熔断器也有螺旋式和管式两种，其结构与对应的上述有填料熔断器相似。

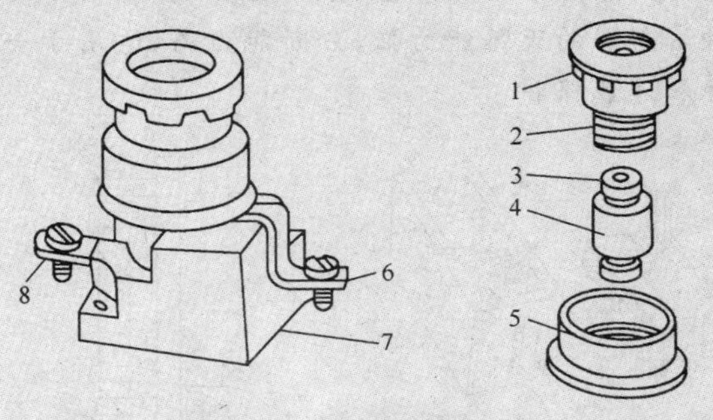

图 2—5　有填料熔断器

1—磁帽；2—金属管；3—色片；4—熔丝管；5—磁套；6—上接线端；7—底座；8—下接线端

4)带电检验工作时，必须有二人以上进行作业，应符合电工作业规定。

5)检验继电保护工作期间，不准任何人进行任何倒闸操作。

6)检验试验的作业点,应尽量保持整洁,试验时将不必要的工具和仪器设备搬离作业点,以免由于混乱造成不必要的事故。

【技能要点 3】试验前的工作

(1)试验前应准备好调试方案、图纸、整定值、厂家产品说明书及试验成绩单、检验等试验资料。

(2)试验前应准备好试验仪器、试验设备、标准表、连接导线、工具、记录表格及备用零件等。

(3)试验前确认被检保护装置的状态和位置,以免检验出现错误,将整定值整错,也将避免误操作发生。

(4)试验前检验人员应按规章办理必要的工作许可手续,在值班员做好安全防护措施后,再开始进行检验工作。

第三节 继电器检验

【技能要点 1】外部检查

(1)继电器外壳应清洁无灰尘。

(2)外壳玻璃要完整,嵌接要良好。

(3)外壳应紧密地固定在底座上,封闭应良好,安装应端正。

(4)继电器端子接线应牢固可靠。

【技能要点 2】内部机械部分的检查

(1)继电器内部应清洁、无灰尘和无油污。

(2)筒式感应继电器转动部分应灵活,筒与磁极间应清洁,无铁屑等异物。

(3)继电器的可转动部分应动作灵活,轴的纵向、横向活动范围适当、无卡涩和松动。

(4)继电器内部焊接点应牢固无虚焊和脱焊,螺丝无松动,各部件安装完好。

(5)整定把手能可靠地固定在整定位置,整定螺丝插头与整定孔的接触应良好。

(6)弹簧应无变形,弹簧由始位拉伸到最大时层间距离要均匀。

(7)触点的固定要牢固,常开触点闭合后要有足够的压力,其接触后有明显的共同行程,常闭触点闭合要紧密可靠,有足够的压力。动、静触点接触时应中心相对。

(8)清洁和修理触点时,禁止使用砂纸、锉刀等粗糙器件,烧焦处可以用油石或银粉纸打磨并用鹿皮或绸布擦净。

(9)继电器的轴和轴承除有特殊要求外,禁止注任何润滑油。

(10)检查各种电磁式时间继电器的钟表机构,其可动系统在前进和后退过程中动作应灵活,其触点闭合要可靠。

(11)要注意带电体与外壳的距离应满足需要,防止相碰。

【技能要点 3】绝缘检查

(1)一律用 1000 V 兆欧表测试绝缘电阻,其值不应小于 1 MΩ。

(2)经解体的继电器新装后用 1000 MΩ 摇表测绝缘,有如下要求:

1)全部端子对底座绝缘电阻不应小于 50 MΩ。

2)各线圈对触点及触点间的绝缘电阻不应小于 50 MΩ。

3)各线圈间的绝缘电阻不应小于 10 MΩ。

(3)耐压试验新安装和经解体检修后的继电器,进行 1 min 50 Hz的交流耐压试验,所加电压根据各继电器技术数据要求规定而定。无耐压试验设备时,允许用 2500 V 摇表测绝缘电阻来代替 1 min 50 Hz的交流耐压试验,所测的绝缘电阻不应小于 10 MΩ。

对于半导体、集成电路或电子元器件的继电器在做绝缘测试或耐压试验时要慎重,根据继电器的具体接线,把不能承受高电压的元件从回路中断开或将其对地短路,防止损坏继电器。

【技能要点 4】触电工作可靠性检查

检查时仔细观察继电器接点的动作情况,对于抖动接触不良的继电器触点要进行调整处理,调整后的继电器触点应无抖动、粘住或接触不良。

【技能要点5】试验数据记录

(1)带有铁质外壳的继电器,盖上铁壳后再记取试验数据。

(2)整定点动作值测定应重复三次,每次测量值与整定值误差都不应超出所规定的误差范围。

(3)做电流冲击试验时,冲击电流值用保护的最大短路电流进行冲击试验;做电压冲击试验时,冲击电压值用1.1倍额定电压值进行冲击试验。

(4)如果试验电源频率对某些继电器的特性有影响时,在记录中应注明试验时的电源频率。

【技能要点6】重复检查

继电器调整整定完毕后,应再次仔细检查所有的部件、端子是否正确恢复;整定把手位置是否与整定值相符;试验项目是否齐全;继电器封装的严密性、信号牌的动作复归是否正确灵活。重复检查后加铅封。

【技能要点7】误差、离散值和变差的计算

(1)误差(%)=(实测值-整定值)/整定值×100%。

(2)离散值(%)=(与平均值相差最大的数值-平均值)/平均值×100%。

(3)变差(%)=(五次试验中最大值-五次试验中最小值)/五次试验中最小值×100%。

第三章　变配电设备及低压电气的安装

第一节　配电箱和开关箱安装

【技能要点1】配电形式

1. 配电形式

配电形式要求，见表3—1。

表3—1　配电形式要求

项目	内容
三级配电	配电箱、开关箱要按照"总分一开"的顺序作分级设置。在现场内应设总配电箱(或配电室)，总配电箱下设分配电箱，分配电箱下设开关箱，开关箱控制用电设备，形成"三级配电"
二级漏电保护	根据现场情况，在总配电箱处设置分路漏电保护器，或在分配电箱处设置漏电保护器，作为初级漏电保护，在开关箱处设置末级漏电保护器，这样就形成了线路和设备的"二级漏电保护"
一机、一闸、一漏	现场所有的用电设备都要有其专用的开关箱，做到"一机、一箱、一闸、一漏"；对于同一种设备构成的设备组，在比较集中的情况下可使用集成开关箱，在一个开关箱内每一个用电设备的配电线路和电气保护装置作分路设置，保证"一机、一闸、一漏"的要求

2. 配电箱与开关箱的设置原则

如前所述，配电箱和开关箱的设置原则，就是"三级配电，二级保护"和"一机、一箱、一闸、一漏"。实际使用中，可根据实际情况，增加分配电箱的级数以及在分配电箱中增设漏电保护器，形成三级以上配电和二级以上保护。图3—1为典型的三级配电结构图。

出于安全照明的考虑，现场照明的配电应与动力配电分开而自成独立的配电系统，这样就不会因动力配电的故障而影响到现场照明。

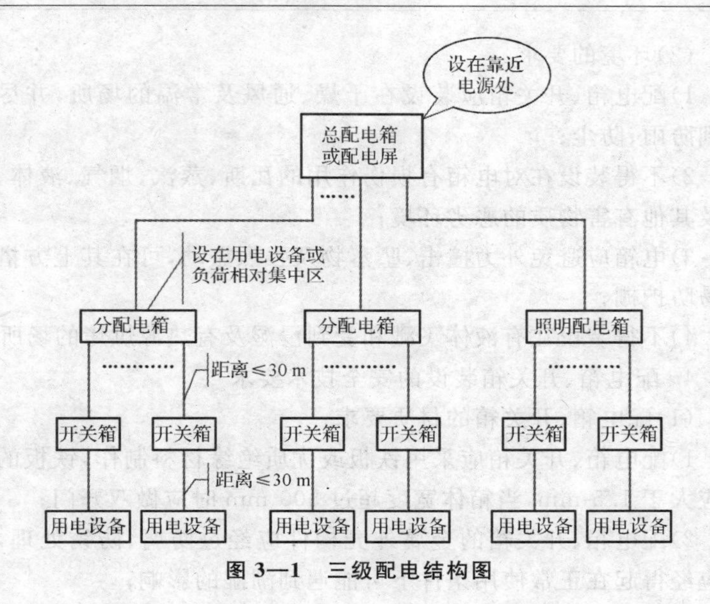

图 3—1　三级配电结构图

3. 配电箱与开关箱的设置点选择和环境的要求

(1)位置的选择规定

1)总配电箱应设在靠近电源处;分配电箱应设在用电负荷或设备相对集中地区,分配电箱与各用电设备的开关箱之间的距离不得超过 30 m。

2)开关箱应设在所控制的用电设备周围便于操作的地方,与其控制的固定式用电设备水平距离不宜过近,防止用电设备的振动给开关箱造成不良影响,也不宜过远,便于发生故障时能及时处理,一般控制在不超过 3 m 为宜。

3)配电箱、开关箱周围应有足够 2 人同时工作的空间和通道,箱前不得堆物、不得有灌木与杂草妨碍工作。

4)固定式配电箱、开关箱的下底与地面的垂直距离宜大于 1.3 m,小于 1.5 m。移动式分配电箱、开关箱的下底与地面的垂直距离宜大于 0.6 m,小于 1.5 m,并且移动式电箱应安装在固定的金属支架上。

(2)环境的要求

1)配电箱、开关箱应装设在干燥、通风及常温的场所,并尽量做到防雨、防尘;

2)不得装设在对电箱有损伤作用的瓦斯、蒸汽、烟气、液体、热源及其他有害物质的恶劣环境;

3)电箱应避免外力撞击、坠落物及强烈振动,可在其上方搭设简易防护棚;

4)不得装设在有液体飞溅和受到浸湿及有热源烘烤的场所。

4. 配电箱、开关箱装设的安全技术要求

(1)配电箱、开关箱的材质要求

1)配电箱、开关箱应采用铁板或优质绝缘材料制作,铁板的厚度应大于 1.5 mm,当箱体宽度超过 500 mm 时应做双开门;

2)配电箱、开关箱的金属外壳构件应经过防腐、防锈处理,同时应经得起在正常使用条件下可能遇到潮湿的影响;

3)电箱内的电器安装板应采用金属的或非木质的绝缘材料;

常见的绝缘材料类别及用途

常见的绝缘材料见表 3—2。

表 3—2　常见的绝缘材料

序号	类别	举例	用途
1	气体绝缘材料	干燥的空气、氟利昂、氢气等	高压电器周围
2	液体绝缘材料	矿物油、漆、合成油等	用作变压器、油开关、电容器、电缆的绝缘、冷却、浸渍和填充
3	固体绝缘材料	环氧树脂、电丁用塑料和橡胶、云母制品、陶瓷、玻璃等	线圈导线之间的绝缘、电线电缆绝缘层保护、绝缘手柄、瓷质底座等

4）不宜采用木质材料制作配电箱、开关箱，因为木质电箱易腐蚀、受潮而导致绝缘性能下降，而且机械强度差，不耐冲击，使用寿命短，另外铁质电箱便于整体保护接零。

（2）电箱内电器元件的安装要求

电箱及其内部的电器元件必须是通过国家强制性产品认证（3C 认证）的产品。电箱内电器元件的安装要求如下：

1）电箱内所有的电气元件必须是合格品，不得使用不合格的、损坏的、功能不齐全的或假冒伪劣的产品；

2）电箱内所有电器元件必须先安装在电器安装板上，再整体固定在电箱内，电器元件应安装牢固、端正，不得有任何松动、歪斜；

3）电器元件之间的距离及其与箱体之间的距离应符合表3—3的规定；

4）电箱内不同极性的裸露带电导体之间以及它们与外壳之间的电气间隙和爬电距离应不小于表 3—4 的规定；

表 3—3　电器元件排列间距

<table>
<tr><th>项目</th><th colspan="3">最小间距(mm)</th></tr>
<tr><td>仪表侧面之间或侧面与盘边</td><td colspan="3">60 以上</td></tr>
<tr><td>仪表顶面或出线孔与盘边</td><td colspan="3">50 以上</td></tr>
<tr><td>闸具侧面之间或侧面与盘边</td><td colspan="3">30 以上</td></tr>
<tr><td rowspan="3">插入式熔断器顶面或底面与出线孔</td><td rowspan="3">插入式熔断器规格</td><td>10～15 A</td><td>20 以上</td></tr>
<tr><td>20～30 A</td><td>30 以上</td></tr>
<tr><td>60 A</td><td>50 以上</td></tr>
<tr><td rowspan="2">仪表、胶盖闸顶面或底面与出线孔</td><td rowspan="2">导线截面(mm^2)</td><td>$10mm^2$ 及以上</td><td>80</td></tr>
<tr><td>16～25 mm^2</td><td>100</td></tr>
</table>

表 3—4 电气间隙和爬电距离

额定绝缘电压(V)	电气间隙(mm)		爬电距离(mm)	
	≤63 A	>63 A	≤63 A	>63 A
$U_i \leqslant 60$	3	5	3	5
$60 < U_i \leqslant 300$	5	6	6	8
$300 < U_i \leqslant 600$	8	10	10	12

5)电箱内的电器元件安装常规是左大右小,大容量的开关电器、熔断器布置在左边,小容量的开关电器、熔断器布置在右边;

6)电箱内的金属安装板、所有电器元件在正常情况下不带电的金属底座或外壳、插座的接地端子,均应与电箱箱体一起做可靠的保护接零,保护零线必须采用黄绿双色线,并通过专用接线端子连接,与工作零线相区别。

(3)配电箱、开关箱导线进出口处的要求

1)配电箱、开关箱电源的进出规则是下进下出,不能设在顶面、后面或侧面,更不能从箱门缝隙中引进或引出导线;

2)在导线的进、出口处应加强绝缘,并将导线卡固;

3)进、出线应加护套,分路成束并做防水弯,导线不得与箱体进、出口直接接触,进出导线不得承受超过导线自重的拉力,以防接头拉开。

(4)配电箱、开关箱内连接导线要求

1)电箱内的连接导线应采用绝缘导线,性能应良好,接头不得松动,不得有外露导电部分;

2)电箱内的导线布置要横平竖直,排列整齐,进线要标明相别,出线须做好分路去向标志,两个元器件之间的连接导线不应有中间接头或焊接点,应尽可能在固定的端子上进行接线;

3)电箱内必须分别设置独立的工作零线和保护零线接线端子板,工作零线和保护零线通过端子板与插座连接,端子板上一只螺钉只允许接一根导线;

4)金属外壳的电箱应设置专用的保护接地螺钉,螺钉应采用不小于 M8 镀锌或铜质螺钉，并与电箱的金属外壳、电箱内的金属安装板、电箱内的保护中性线可靠连接，保护接地螺钉不得兼作他用，不得在螺钉或保护中性线的接线端子上喷涂绝缘油漆；

5）电箱内的连接导线应尽量采用铜线，铝线接头万一松动的话，可能导致电火花和高温，使接头绝缘烧毁；引起对地短路故障；

6）电箱内母线和导线的排列（从装置的正面观察）应符合表3—5 的规定。

表 3—5　电箱内母线和导线的排列

相别	颜色	垂直排列	水平排列	引下排列
A	黄	上	后	左
B	绿	中	中	中
C	红	下	前	右
N	蓝	较下	较前	较右
PE	黄绿相同	最下	最前	最右

（5）配电箱、开关箱的制作要求

1）配电箱、开关箱箱体应严密、端正，防雨、防尘，箱门开、关松紧适当，便于开关；

2）所有配电箱和开关箱必须配备门、锁，在醒目位置标注名称、编号及每个用电回路的标志；

3）端子板一般放在箱内电器安装板的下部或箱内底侧边，并做好接线标注，工作零线、保护零线端子板应分别标注 N、PE，接线端子与电箱底边的距离不小于 0.2 m。

【技能要点 2】配电箱与开关箱内电器元件的选择

配电箱与开关箱内电器元件的选择方法，见表 3—6。

表 3—6　配电箱与开关箱内电器元件的选择

项目	内容
原则	（1）电箱内所有的电器元件必须是合格品；

续上表

项目	内容
原则	(2)电箱内必须设置在任何情况下能够分断、隔离电源的开关电器； (3)总配电箱中，必须设置总隔离开关和分路隔离开关，分配电箱中必须设置总隔离开关，开关箱中必须设置单机隔离开关，隔离开关一般用作空载情况下通、断电路； (4)总配电箱和分配电箱中必须分别设置总自动开关和分路自动开关，自动开关一般用作在正常负载和故障情况下通、断电路； (5)配电箱和开关箱中必须设置漏电保护器，漏电保护器用于在漏电情况下分断电路； (6)配电箱内的开关电器和配电线路一一对应配合，作分路设置。总开关电路与分路开关电器的额定值、动作整定值应相适应，确保在故障情况下能分级动作； (7)开关箱与用电设备之间实行一机一闸制，防止一机多闸带来误动作而出事故，开关箱内开关电器的额定值应与用电设备相适应； (8)手动开关电器只能用于5.5 kW以下的小容量的用电设备和照明线路，手动开关通、断电速度慢，容易产生强电弧，灼伤人或电器，故对于大容量的动力电路，必须采用自动开关或接触器等进行控制
要求	(1)总配电箱内应装设总隔离开关和分路隔离开关、总自动开关和分路自动开关(或总熔断器和分路熔断器)、漏电保护器、电压表、总电流表、总电度表及其他仪表。总开关电器的额定值、动作整定值应与分路开关电器的额定值、动作整定值相适应。若漏电保护器具备自动空气开关的功能则可不设自动空气开关和熔断器。 (2)分配电箱内应装设总隔离开关、分路隔离开关、总自动开关和分路自动开关(或总熔断器和分路熔断器)，总开关电器的额定值、动作整定值应与分路开关电器的额定值、动作整定值相适应。必要的话，分配电箱内也可装设漏电保护器。 (3)开关箱内应装设隔离开关、熔断器和漏电保护器，漏电保护器的额定动作电流应不大于30 mA，额定动作时间应小于0.1 s(36 V及以下的用电设备如工作环境干燥可免装漏电保护器)。若漏电保护器具备自动空气开关的功能则可不设熔断器。每台用电设备应有各自的专用开关箱，实行“一机一闸”制，严禁用同一个开关电器直接控制两台及两台以上用电设备(含插座)

电流表及电压表的使用要点

1. 电流表

(1)交流电流表应与被测电路或负载串联，严禁并联。如果将电流表并联入电路，则由于电流表的内电阻很小，相当于将电路短接，电流表中将流过短路电流，导致电流表被烧毁并造成短路事故。

(2)电流互感器的原绕组应串联入被测电路中，副绕组与电流表串接。

(3)电流互感器的变流比应大于或等于被测电流与电流表满偏值之比，以保证电流表指针在满偏以内。

(4)电流互感器的副绕组必须通过电流表构成回路并接地，二次测不得装设熔丝。

2. 电压表

测量电路电压的仪表叫做电压表，也称伏特表，表盘上标有符号“V”。电压表分为直流电压表和交流电压表，两者的接线方法都是与被测电路并联。

测量直流电路中电压的仪表称为直流电压表，在直流电压表的接线柱旁边通常也标有“+”和“−”两个符号，接线柱的“+”(正端)与被测量电压的高电位连接；接线柱的“−”(负端)与被测量电压的低电位连接，如图 3—2 所示。正负极不可接错，否则，指针就会因反转而打弯。

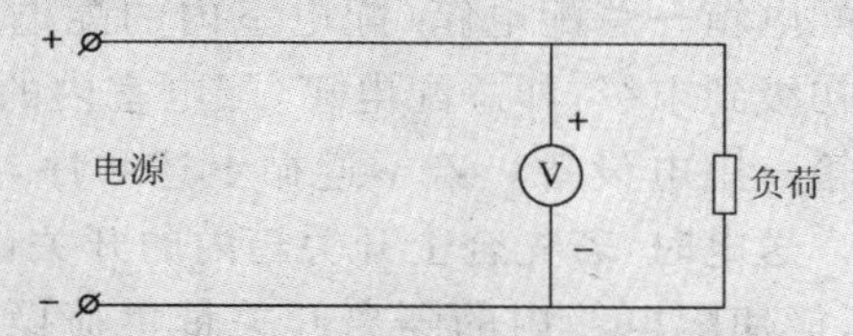

图 3—2　直流电压表直接测量接线图

交流电压表按接线方式可分为低压直接接入测量和高压经电压互感器后在二次侧间接测量两种方式，低压直接接入式一般用在 380 V 或 220 V 电路中。交流电压表测量时，和直流电压

表一样，也是并联接入电路，而且只能用于交流电路测量电压，当将电压表串联接入电路时，则由于电压表的内阻很大，几乎将电路切断，从而使电路无法正常工作，所以在使用电压表时，忌与被测电路串联。借助电压互感器测量交流电压如图 3—3 所示。

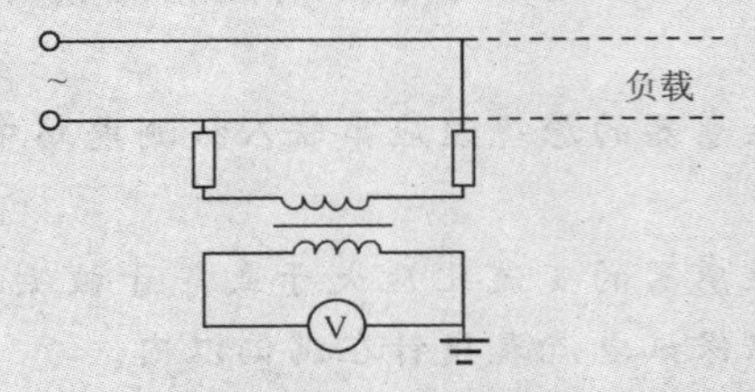

图 3—3 借助电压互感器测量交流电压

【技能要点 3】配电箱与开关箱的使用

(1)各配电箱、开关箱必须做好标志。

为加强对配电箱、开关箱的管理，保障正确的停、送电操作，防止误操作，所有配电箱、开关箱均应在箱门上清晰地标注其编号、名称、用途，并作分路标志。所有配电箱、开关箱必须专箱专用。

(2)配电箱、开关箱必须按序停、送电。

为防止停、送电时电源手动隔离开关带负荷操作，以及便于对用电设备在停、送电时进行监护，配电箱、开关箱之间应遵循一个合理的操作顺序，停电操作顺序应当是从末级到初级，即用电设备→开关箱→分配电箱→总配电箱(配电室内的配电屏)；送电操作顺序应当是从初级到末级，即总配电箱(配电室内的配电屏)→分配电箱→开关箱→用电设备。若不遵循上述顺序，就有可能发生意外操作事故。送电时，若先合上开关箱内的开关，后合配电箱内的开关，就有可能使配电箱内的隔离开关带负荷操作，产生电弧，对操作者和开关本身都会造成损伤。

(3)配电箱、开关箱必须配门锁。

由于配电箱中的开关是不经常操作的，电器又是经常处于通电工作状态，其箱门长期处在开启状态时，容易受到不良环境的侵害。为了保障配电箱内的开关电器免受不应有的损害和防止人体意外伤害，对配电箱加锁是完全有必要的。

(4)对配电箱、开关箱操作者的要求。

为了确保配电箱、开关箱的正确使用，应对配电箱、开关箱的操作人员进行必要的技术培训与安全教育。配电箱、开关箱的使用人员必须掌握基本的安全用电知识，熟悉所使用设备的性能及有关开关电器的正确操作方法。

配电箱、开关箱的操作者上岗时应按规定穿戴合格的绝缘用品，并检查、认定配电箱、开关箱及其控制设备、线路和保护设施完好后，方可进行操作。如通电后发现异常情况，若电动机不转动，则应立即拉闸断电，请专业电工进行检查，待消除故障后，才能重新操作。

【技能要点4】配电箱与开关箱的维护

(1)配电箱、开关箱必须每月进行一次检查和维护，定期巡检、检修由专业电工进行，检修时应穿戴好绝缘用品。

(2)检修配电箱和开关箱时，必须将前一级配电箱相应的电源开关拉闸断电，并在线路断路器(开关)和隔离开关(刀闸)把手上悬挂停电检修标志牌，检修用电设备时，必须将该设备开关箱的电源开关拉闸断电，并在断路器(开关)和隔离开关(刀闸)把手上悬挂停电检修标志牌，不得带电作业。在检修地点还应悬挂工作指示牌。

断路器简介

断路器是既能接通和分断正常负载电流，也能分断短路故障电流，并有多种保护作用的电力开关。断路器曾称自动开关或自动空气开关，是电力开关的后起之秀。

断路器可分为电磁式和电子式。常见的电磁式断路器主要由塑料外壳、电热元件、电磁机构、脱扣机构、弹簧储能操作机构、栅片灭弧装置等组成，外形如图3—4所示。图3—4(a)为三相断路器，开关键向上为开(接通电源)，键的下方显示英文ON

（开）；开关键向下为关（切断电源），键的上方显示英文 OFF（关）。图3—4(b)为带漏电保护器的单相小型断路器，同样，开关键向上为开、向下为关，右上角有英文 T(Test)标记的按钮为漏电保护器的试验按钮。

电子式断路器在电磁式断路器基础上，采用了集成电路进行控制，性能好但价格很高，适用于要求较高的场合。

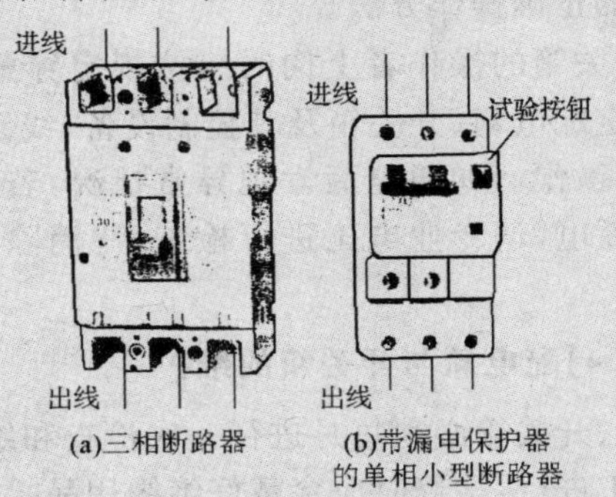

(a)三相断路器　　(b)带漏电保护器的单相小型断路器

图 3—4　低压断路器的外形

和上述隔离开关、负荷开关相比较，断路器有以下特点：①构造和原理有很大不同；②没有熔断器，实现了无熔丝保护；③保护功能多而且保护的可靠性大大提高，有过载保护、短路保护、欠压保护、失压保护等作用；④有的还内置漏电保护器，具有漏电保护作用；⑤封闭式结构，防护性好，使用安全；⑥装有励磁脱扣器的断路器能接受外部控制信号实现远程控制；⑦结构复杂，价格较高。

(3)配电箱、开关箱应保持整洁，不得再挂接其他临时的用电设备，箱内不得放置任何杂物，特别是易燃物，防止开关电器的火花点燃易燃物品起火爆炸和防止放置金属导电器材意外碰触到带电体引起电器短路和人体触电。

(4)箱内电器元件的更换必须坚持同型号、同规格、同材料，并有专职电工进行更换，禁止操作者随意调换，防止换上的电器元件与原规格不符或采用其他金属材料代替。

(5)现场配电箱、开关箱的周围环境条件往往不是一成不变的。随着工程的进展必须对配电箱、开关箱的周围环境作好检查，特别是进、出导线的检查，避免机械受伤和坠落物及地面堆物使导线的绝缘损伤等损坏现象。情况严重时除进行修理、调换外还应对配电箱、开关箱的位置作出适当调整或搭设防护设施，确保配电箱、开关箱的安全运行。

【技能要点5】绝缘测试

(1)相线与相线之间的绝缘电阻值。

(2)相线与中性线之间的绝缘电阻值。

(3)相线与保护地线之间的绝缘电阻值。

(4)中性线与保护地线之间的绝缘电阻值。

第二节　配电柜(盘)安装

【技能要点1】测量定位

按设计施工图纸所标定位置及坐标方位、尺寸进行测量放线，确定设备安装的底盘线和中心线。同时应复核预埋件的位置尺寸和标高，以及预埋件规格和数量，如出现异常现象应及时调整，确保设备安装质量。

【技能要点2】基础型钢安装

(1)预制加工基础型钢架。型钢的型号、规格应符合设计要求。按施工图纸要求进行下料和调直后，组装加工成基础型钢架，并应刷好防锈涂料。

(2)基础型钢架安装。按测量放线确定的位置，将已预制好的基础型钢架稳放在预埋铁件上，用水准仪或水平尺找平、找正。找平过程中，需用垫铁垫平，但每组垫铁不得超过三块。然后将基础型钢架、预埋件、垫铁用电焊焊牢。基础型钢架的顶部应高出地面10 mm。

(3)基础型钢架与地线连接。将引进室内的地线扁钢，与型钢结构基架的两端焊牢，焊接面为扁钢宽度的二倍。然后将基础型钢架涂刷两道灰色油性涂料。

【技能要点 3】配电柜(盘)就位

(1)运输。通道应清理干净，保证平整畅通。水平运输应由起重工作业，电工配合。应根据设备实体采用合适的运输方法，确保设备安全到位。

(2)就位。首先，应严格控制设备的吊点，配电柜(盘)顶部有吊环者，应充分利用吊环将吊索穿入吊环内。无吊环者，应将吊索挂在四角的主要承重结构处。然后，试吊检查受力吊索力的分布是否均匀一致，以防柜体受力不均产生变形或损坏部件。起吊后必须保证柜体平稳、安全、准确就位。

(3)应按施工图纸的布局，按顺序将柜坐落在基础型钢架上。单体独立的配电柜(盘)应控制柜面和侧面的垂直度。成排组合配电柜(盘)就位之后，首先找正两端的柜，由柜的下面向上 2/3 高度挂通线，找准调正，使组合配电柜(盘)正面平顺为准。找正时采用 0.5 mm 铁片进行调整，每组垫片不能超过三片。调整后及时做临时固定，按柜固定螺孔尺寸，用手电钻在基础型钢架上钻孔，分别用 M12、M16 镀锌螺栓固定。紧固时受力要均匀，并设有防松措施。

(4)配电柜(盘)就位，找正、找平后，应将柜体与柜体、柜体与侧挡板均用镀锌螺丝连接。

(5)接地。配电柜(盘)接地，应以每台配电柜(盘)单独与基础型钢架连接。在每台柜后面的左下部的型钢架的侧面上焊上鼻子，用 6 mm^2 铜线与配电柜(盘)上的接地端子连接牢固。

【技能要点 4】母带安装

(1)配电柜(盘)骨架上方母带安装，必须符合设计要求。

(2)端子安装应牢固，端子排列有序，间隔布局合理，端子规格应与母带截面相匹配。

(3)母带与配电柜(盘)骨架上方端子和进户电源线端子连接牢固,应采用镀锌螺栓紧固,并应有防松措施。母带连接固定应排列整齐,间隔适宜,便于维修。

(4)母带绝缘电阻必须符合设计要求。橡胶绝缘护套应与母带匹配,严禁松动脱落和破损酿成漏电缺陷。

(5)柜上母带应设防护罩,以防止上方坠落金属物而使母带短路的恶性事故。

【技能要点5】二次回路接线

(1)按配电柜(盘)工作原理图逐台检查配电柜(盘)上的全部电器元件是否相符,其额定电压和控制、操作电压必须一致。

(2)控制线校线后,将每根芯线煨成圆,用镀锌螺丝、垫圈、弹簧垫连接在每个端子板上。并应严格控制端子板上的接线数量,每侧一般一端子压一根线,最多不得超过两根,必须在两根线间加垫圈。多股线应刷锡,严禁产生断股缺陷。

【技能要点6】调试

(1)配电柜(盘)调试应符合以下规定:

1)高压试验应由供电部门的法定的试验单位进行。高压试验结果必须符合国家现行技术标准的规定和配电柜(盘)的技术资料要求。

2)试验内容:高压框框架、母线、电压互感器、电流互感器、避雷器、高压开关、高压瓷瓶等。

3)调校内容:时间继电器、过流继电器、信号继电器及机械连锁等调校。

(2)二次控制线调试应符合以下规定:

1)二次控制线所有的接线端子螺丝再紧固一次,确保固定点牢固可靠。

2)二次回路线绝缘测试。用500 V摇表测试端子板上每条回路的电阻,其电阻值必须大于0.5 MΩ。

3)二次回路中的晶体管、集成电路、电子元件等,应采用万用

表测试是否接通，严禁使用摇表和试铃测试。

万用表使用要点

（1）转换开关一定要放在需测量挡的位置上，不能搞错，以免烧坏仪表。

（2）根据被测量项目，正确接好万用表。

（3）选择量程时，应由大到小，选取适当位置。测电压、电流时，最好使指针指在标度尺 1/2～2/3 以上的地方，测电阻时，最好选在刻度较稀的地方和中心点。转换量限时，应将万用表从电路上取下，再转动转换开关。

（4）测量电阻时，应切断被测电路的电源。

（5）测直流电流、直流电压时，应将红色表棒插在红色或标有“＋”的插孔内，另一端接被测对象的正极；黑色表棒插在黑色或标有“－”的插孔内，另一端接被测对象的负极。

（6）万用表不用时，应将转换开关拨到交流电压最高量限挡或关闭挡。

4）通电要求。首先，接通临时控制电源和操作电源。将配电柜（盘）内的控制、操作电源回路熔断器上端相线拆掉，接上临时电源。

5）模拟试验。根据设计规定和技术资料的相关要求，分别模拟试验控制系统、连锁和操作系统、继电保护和信号动作。应正确无误，灵敏可靠。

6）全部调试工作结束之后，拆除临时电源，将被拆除的电源线复位。

第三节　变压器安装

【技能要点 1】变压器本体及附件安装

1. 本体就位及接线

（1）装有气体继电器的变压器，应使其顶盖沿气体继电器气流方向有1%～1.5%的升高坡度(或按制造厂规定)。

(2)当变压器需与封闭母线连接时,其低压套管中心线应与封闭母线安装中心线相符。

(3)装有滚轮的变压器,滚轮应能转动灵活,在变压器就位后,应将滚轮用能拆卸的制动装置加以固定。

2. 密封处理

(1)变压器的所有法兰连接处,应用耐油橡胶密封垫(圈)密封,密封垫(圈)应无扭曲、变形、裂纹、毛刺,密封垫(圈)应与法兰面的尺寸相配合。

(2)法兰连接面应平整、清洁,密封垫应擦拭干净,安放位置准确,其搭接处的厚度应与其原厚度相同,压缩量不宜超过其厚度的1/3。

3. 冷却装置安装

(1)冷却装置在安装前应进行密封检查,检查方法及要求见表3—7。

(2)冷却装置安装前应用合格的变压器油进行循环冲洗,除去杂质。

(3)冷却装置安装完毕应立即注油,以免由于阀门渗漏造成变压器本体油位降低,使变压器绝缘部分露出油面。

表3—7　冷却装置密封检查方法及要求

变压器冷却装置	压缩空气检查(表压力)(Pa)	变压器油检查(表压力)(Pa)	不渗漏持续时间(min)
一般散热器	0.5×10^5	0.7×10^5	30
强迫油循环风冷却器	2.5×10^5	2.5×10^5	30
强迫油循环水冷却器	2.5×10^5	2.5×10^5	60

(4)风扇电动机及叶片应安装牢固,转动灵活,无卡阻现象;试运转时应无振动、过热或与风筒碰擦等情况,转向正确;电动机电

源配线应采用具有耐油性能的绝缘导线，靠近箱壁的绝缘导线应用金属软管保护；导线排列应整齐，接线盒密封良好。

(5)管路中的阀门应操作灵活，开闭位置正确；外接油管路在安装前应进行彻底除锈并清洗干净；管路安装后，油管应涂黄漆，水管应涂黑漆，并应有流向标志。

(6)水冷装置停用时，应将存水放尽，以防天寒冻裂。

4. 安全保护装置安装

(1)气体继电器安装。

1)气体继电器安装前应进行校验整定，整定值见表 3—8。

表 3—8　气体继电器的整定值

项目		额定参量	整定值
信号触点动作值		气体体积(cm^3)	200～250
跳闸触点动作值	强迫油循环	油气流速(m/s)	1.1～1.25
	油自循环		0.6～1.0

2)气体继电器应水平安装，其顶盖上标志的箭头应指向储油柜，与连通管的连接应密封良好，如图 3—5 所示。

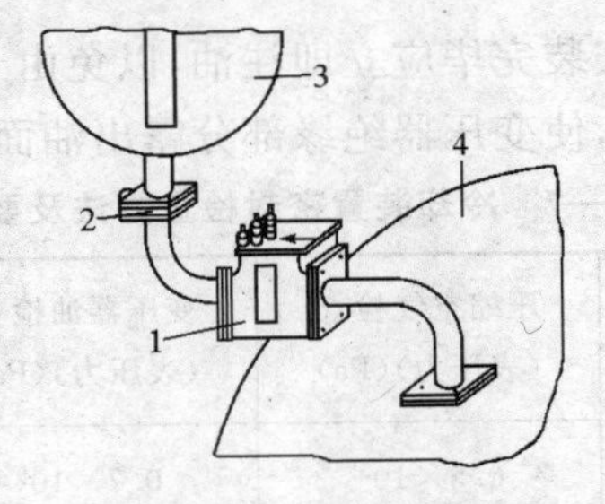

图 3—5　气体继电器的安装

1—气体继电器；2—蝶阀；3—储油柜；4—油箱

3)浮子式气体继电器接线时，应将电源的正极接至水银侧的接点，负极接于非水银侧的接点。

4)变压器运行前应打开放气塞，直至全部放出气体继电器中的残余气体时为止。

(2)温度计和温度继电器的安装。

1)变压器顶盖上的温度计应安装垂直,温度计座内应注以变压器油,且密封良好;

2)温度计和温度继电器安装前应进行校验,信号接点动作正确,导通良好。信号接点动作整定值见表3—9。

表3—9　温度继电器动作整定值

项目	整定值(℃)	项　目	整定值(℃)
冷却风扇停止	45	冷却风扇启动	55
报　警	85		

3)膨胀式温度继电器的细金属软管,其弯曲半径不得小于50 mm,且不得有压扁或剧烈的扭曲。

(3)安全气道的安装。

1)安全气道安装前内壁应清拭干净;

2)安全气道的隔膜应完整,其材料和规格应符合产品规定,不得任意代用(隔膜的爆破压力一般为5×10^{6} Pa)。

5. 变压器油保护装置安装

(1)储油柜的安装。

储油柜安装前应放尽残油,清洗干净;注油后,检查油标指示与实际油面是否相符。胶囊式油柜的胶囊应完整无渗漏,胶囊沿长度方向与储油柜的长轴保持平行。胶囊口应密封良好,呼吸畅通。

(2)油封吸湿器的安装。

吸湿器内装的变色硅胶应是干燥的,下部油杯里要注入适量的变压器油。

(3)吸附净油器的安装。

净油器内的吸附剂(硅胶或活性氧化铝)应干燥处理,一般规定为140 ℃、8 h或300 ℃、2 h;吸附剂装罐前应筛选;净油器滤网安装位置应装于出口侧。

【技能要点 2】变压器投入运行前的检查

(1)带电前的要求。

带电前应对变压器进行全面检查。查看是否符合运行条件，如不符合，应立即处理，内容大致如下。

1)变压器储油柜、冷却柜等各处的油阀门应打开再次排放空气，检查各处应无渗漏。

2)变压器接地良好。

3)变压器油漆完整、良好，如局部脱落应补漆。如锈蚀、脱落严重应重新除锈喷漆。套管及硬母线相色漆应正确。

4)套管瓷件完整清洁，油位正常，接地小套管应接地，电压抽取装置如不用也应接地。

5)分接开关置于运行要求挡位，并复测直流电阻值正常，带负荷调压装置指示应正确，动作试验不少于 20 次。

6)冷却器试运行正常，联动正确，电源可靠。

7)变压器油池内已铺好卵石，事故排油管畅通。

8)变压器引出线连接良好，相位、相序符合要求。

9)气体继电器安装方向正确，打气试验接点动作正确。

10)温度计安装结束，指示值正常，整定值符合要求。

11)二次回路接线正确，经试操作情况良好。

12)变压器全部电气试验项目(除需带电进行者外)都已结束。

13)再次取油样做耐压试验应合格。

14)变压器上没有遗留异物，如工具、破布、接地铁丝等。

(2)变压器的冲击试验。

1)变压器试运行前，必须进行全电压冲击试验，考验变压器的绝缘和保护装置，冲击时将会产生过电压和过电流。

①全电压冲击一般由高压侧投入，每次冲击时，应该没有异常情况，励磁涌流也不应引起保护装置误动作，如有异常情况应立即断电进行检查。第一次冲击时间应不少于 10 min。

②持续时间的长短应根据变压器结构而定，普通风冷式不开风扇可带 66.7%负荷，所以时间可以长一些；强油风冷式由于冷

却器不投入时,变压器油箱不足以散热,故允许空载运行的时间为20 min(容量在125 mV·A及以下时)和10 min(125 mV·A以上)。

③变压器第一次受电时,如条件许可,宜从零升压,并每阶段停留几分钟进行检查,以便及早发现问题,如正常便继续升至额定电压,然后进行全电压冲击。

2)空载变压器检查方法主要是听声音,正常时发出嗡嗡声,而异常时有以下几种声音:

①声音较大而均匀时,外加电压可能过高;

②声音较大而嘈杂时,可能是心部结构松动;

③有吱吱响声时,可能是心部和套管有表面闪络;

④有爆裂音响且大、不均匀,可能是心部有击穿现象。

3)冲击试验前应投入有关的保护,如瓦斯保护、差动保护和过流保护等。另外,现场应配备消防器材,以防不测。

4)在冲击试验中,操作人员应观察冲击电流大小。如在冲击过程中,轻瓦斯动作,应取油样作气相色谱分析,以便作出判断。

5)无异常情况时,再每隔5 min进行一次冲击,最后空载运行24 h,经5次冲击试验合格后才认为通过。

6)冲击试验通过后,变压器便可带负荷试运行。在试运行中,变压器的各种保护和测温装置等均应投入,并定时检查记录变压器的温升、油位、渗漏、冷却器运行等情况。有载调压装置还可带电切换,逐级观察屏上电压表指示值应与变压器铭牌相符,如调压装置的轻瓦斯动作,只要是有规律的应属正常,因为切换时要产生一些气体。

7)变压器带一定负荷试运行24 h无问题,便可移交使用单位。

第四章　电气照明器具

第一节　室内灯具安装

【技能要点 1】一般规定

(1)为保证电气照明装置施工质量,确保安全运行和使用功能,必须严格控制照明器具接线相位的准确性。

(2)照明灯具使用的导线,应能确保灯具承受一定的机械力和可靠地安全运行,其工作电压等级不应低于交流 500 V。最小线芯截面,应符合设计和规范的有关规定,见表 4—1。

表 4—1　导线线芯最小截面

灯具的安装场所及用途		线芯最小截面(mm^2)		
		铜芯软线	铜线	铝线
灯头线	民用建筑室内	0.4	0.5	2.5
	工业建筑室内	0.5	0.8	2.5
	室外	1.0	1.0	2.5
移动用电设备导线	生活用	0.4	—	—
	生产用	1.0	—	—

(3)固定灯具带电部件的绝缘材料以及提供防触电保护的绝缘材料,应耐燃烧和防明火。

(4)灯具的外形、灯头及其接线应符合下列规定:

1)灯具及其配件齐全,无机械损伤、变形、涂层剥落和灯罩破裂等缺陷。

2)软线吊灯的软线两端做保护扣,两端芯线搪锡;当装升降器时,套塑料软管,采用安全灯头。

3)除敞开式灯具外,其他各类灯具灯泡容量在 100 W 及以上者采用瓷质灯头。

4)连接灯具的软线盘扣、搪锡压线,当采用螺口灯头时,相线接于螺口灯头中间的端子上。

5)灯头的绝缘外壳不破损和漏电;带有开关的灯头,开关手柄无裸露的金属部分。

检验方法:观察检查。

(5)当设计无要求时,灯具的安装高度和使用电压等级应符合下列规定:

一般敞开式灯具,灯头对地面距离不小于下列数值(采用安全电压时除外)。

室外:2.5 m(室外墙上安装)。

厂房:2.5 m。

室内:2 m。

软吊线带升降器的灯具在吊线展开后:0.8 m。

(6)当灯具距地面高度小于 2.4 m 时,灯具的可接近裸露导线必须接地(PE)或接零(PEN)可靠,并应有专用接地螺栓,且有标识。

(7)当在混凝土和砖混结构中,安装电气照明装置时,应采用预埋吊钩、铁件、木砖(应防腐处理)、螺钉、膨胀螺栓、尼龙塞或塑料塞固定;严禁使用木楔。当设计无规定时,上述固定件的承载能力应与电气照明装置的重量相匹配。

(8)软线吊灯,灯具重量在 0.5 kg 及以下时,采用软电线自身悬吊安装;当软线吊灯灯具重量大于 0.5 kg 时,灯具安装固定采用吊链,且软电线均匀编叉在吊链内,使电线不受拉力,编叉间距应根据吊链长度控制在 50～80 mm 范围内。

(9)当吊灯灯具重量大于 3 kg 时,应采用预埋吊钩或螺栓固定,灯具重量大于 5 kg 时应按灯具重量的 2 倍做过载试验,按表鲁 DQ-026 作好试验记录。

(10)灯具固定应牢固可靠,禁止使用木楔。每个灯具固定用的螺钉或螺栓不应少于 2 个;当绝缘台直径为 75 mm 及以下时,可采用 1 个螺钉或螺栓固定。

(11)采用钢管作灯具的吊杆时，钢管内径不应小于 10 mm；钢管壁厚度不应小于 1.5 mm。

(12)花灯吊钩圆钢直径不应小于灯具挂销直径，且不应小于 6 mm。大型花灯的固定及悬吊装置，应按灯具重量的 2 倍做过载试验，并作好试验记录。

【技能要点 2】灯具检查

(1)根据灯具的安装场所检查灯具是否符合要求

1)易燃和易爆场所应采用防爆式灯具。

2)有腐蚀性气体及特别潮湿的场所应采用封闭式灯具，灯具的各部件应做好防腐处理。

3)除开敞式外，其他各类等灯具的灯泡容量在 100 W 以上者均应采用瓷灯口。

(2)灯内配线检查

1)灯内配线应符合设计要求，并应注意统一配线颜色以区分相线与零线。

2)穿入灯箱的导线在分支连接处不得承受额外应力和磨损，多股软线的端头需盘圈，涮锡。

3)灯箱内的导线不应过于靠近热光源，并应采取隔热措施。

4)使用螺灯口时，相线必须压在灯芯柱上。

【技能要点 3】测位画线，预留预埋固定件或打眼安装固定件

(1)根据施工图纸要求土建施工时，在混凝土结构上需安装灯具时，应配合预埋铁件，螺丝、螺栓、支架、木砖等，应先测位划线，成排灯具预留应挂通线，确保安装位置正确，再按划线预埋铁件、螺丝、螺栓、吊钩、木砖等。

(2)没要求预留预埋件的灯具，安装前应先测位划线，确保灯具位置准确，成排灯具横平竖直，根据灯具的重量匹配膨胀螺栓，尼龙胀塞、塑料胀塞等，然后用电锤打眼，安装固定件。

【技能要点 4】灯具组装

灯具组装方法，见表 4—2。

表 4—2　灯具组装

项目	内容
软线吊灯组装	(1)软线应采用编织线(紫花线)按灯具需要长度,留有适当裕量截断,剥出一定长度扭紧,线头应用焊锡膏,用焊锡挂锡,不得用酸去污挂锡。 (2)挂锡后应按顺时针方向弯钩压在接线螺丝上,吊盒与灯头两端应结保险扣。编织线带点一根应接相线,无点的接零线,如采用螺口灯头,相线应接在螺口灯座的中心簧片的接线螺丝上,如图 4—1 所示 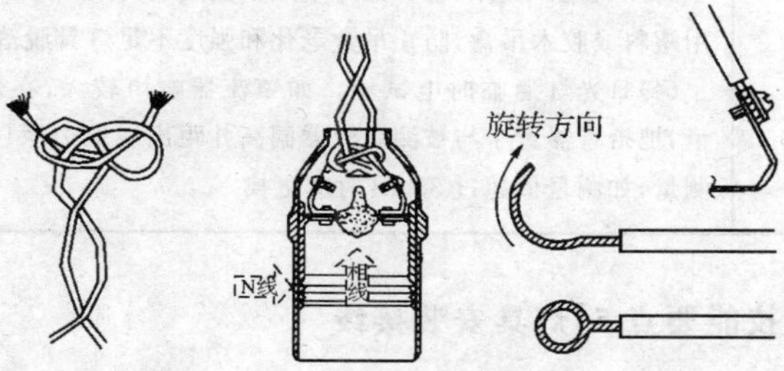 旋转方向　N线　相线 导线结扣做法　灯头接线及导线连接 **图 4—1　螺口灯作法图**
组合式吸顶花灯的组装	(1)选择适宜的场地,将灯具的包装箱、保护薄膜拆开铺好。 (2)按照说明书及示意图把各个灯口装好。如有端子板或瓷接头,应按要求将导线接在端子上。 (3)灯内穿线的长度应适宜,多股软线头应搪锡。 (4)应注意统一配线颜色以区分相线与零线,对于螺口灯座中心簧片应接相线,不得混淆。 (5)理顺灯内线路,用线卡或尼龙扎带固定导线以避开灯泡发热区。 (6)组装完成通临时电试验,确认合格后准备安装
吊顶花灯组装	(1)选择适宜的场地,将灯具的包装箱,保护薄膜拆开铺好。 (2)首先将导线从各个灯座口穿到灯具本身的接线盒内。导线一端盘圈、搪锡后接好灯头。理顺各个灯头的相线与零线,另一端区分相线与零线后分别引出电源接线,最后将电源结线从吊杆中穿出。 (3)组装完成通临时电试验,确认合格后准备安装

续上表

项目	内容
日光灯组装	(1)日光灯配线,可采用多股塑料铜芯软线,软线头应挂锡,如采用吊链安装,应将导线编叉在吊链内,从灯箱引入吊盒,为防止导线磨损,灯箱导线出口处应套软管保护导线。 (2)日光灯的接线应正确,电容器应并联在镇流器前侧的电源电路配线中,不应串联在电路内。 (3)双管及双管以上日光灯采用吊链安装时,应采用金属吊盒,不应采用塑料或胶木吊盒,防止吊盒老化和强度不足灯具脱落伤人。 (4)日光灯通临时电试验。如镇流器响声较大,在灯具运行1 h后测量,把拾音器置于与被测镇流器同高并距出线端边缘10 cm处,用噪音仪测量,如测量值超过 35 dB 时应更换

【技能要点 5】灯具安装接线

灯具安装接线,见表 4—3。

表 4—3　灯具安装接线

项目	内容
普通座式灯头的安装	(1)将电源留有一定裕量,备有维修长度,将导线穿入木台或塑料台上,用螺钉或自攻螺丝将木台或塑料台固定在预埋件、木砖或灯头盒上,也可用尼龙胀塞或塑料胀塞固定。 (2)剥去导线皮,将导线穿入座灯头,区分相线与零线,螺口灯头灯座中心簧片应接相线,不得混淆,用螺丝固定座式灯座,将导线接在接线螺丝上,去掉多余导线,安上灯套,有灯罩安上灯罩,并安上灯泡
吊线式灯头的安装	(1)将电源线穿入固定灯具的台座上,导线应留有裕量,备有维修长度,用螺钉或自攻螺丝将台座固定在预埋件、木砖或灯头盒上,也可用胀管螺栓、尼龙胀塞或塑料胀塞固定。 (2)剥去导线皮,将导线穿入吊线盒,区分相线与零线,不可混淆,用螺丝将吊盒固定台座上,将导线压在吊线盒的接线柱上,在将组合好的灯具穿入吊盒盖,压接在相应的接线柱上,扣上吊盒盖,装上灯罩灯泡

续上表

项目	内容
日光灯安装	(1)吸顶日光灯安装，根据定位划线确定日光灯的位置，将日光灯贴紧建筑物表面，日光灯的灯箱应完全遮盖住灯头盒，对着灯头盒的位置打好进线孔，将电源线甩入灯箱，在进线孔处应套上塑料管以保护导线，找好灯头盒螺孔或预埋件的位置，在灯箱的底板上用电钻打好孔，用机螺丝或螺丝拧牢固，在灯箱的底板上用电钻打好孔，用机螺丝或螺丝拧牢固，在灯箱的另一端应使用胀管螺栓或预埋件用螺丝进行固定，如果日光灯是安装在吊顶上的，应该用自攻螺丝将灯箱固定在龙骨上，灯箱固定好后，将电源线压入灯箱内的端子板(瓷接头)上或将导线扭紧挂锡包扎一层橡皮绝缘胶带和两层绝缘胶带或两层塑料绝缘胶带，把灯具的反光板固定在灯箱上，并将灯箱调整顺直，最后把日光灯管启辉器等装好。 (2)吊杆、吊链日光灯安装：根据定位划线的位置，将电源引上安装日光灯的底盘，然后安装固定好灯具底盘，将组装好的日光灯的引线与电源线进行连接，有接线端子的，应压接在端子上，无端子的将灯具导线和灯头盒中甩出的电源线连接，并用橡皮胶带和黑胶布或塑料胶带分层包扎紧密。理顺接头扣于法兰盘内，法兰盘吊盒的中心应与底座中心对正，用螺丝将其拧牢固。调整好灯具，将灯管启辉器等装好
各型花灯安装	(1)各型组合式吸顶花灯安装，根据预埋件或螺栓及灯头盒位置，在灯具的托板上用电钻开好安装孔和出线孔，安装时将托板托起，将电源线和从灯具甩出的导线连接并包扎严密。应尽可能的把导线塞入灯头盒内，然后把托板的安装孔对准预埋件或螺栓，使托板四周和顶棚贴紧，用螺丝或螺母将其拧紧，调整好位置和各个灯口，悬挂好灯具的各种装饰物，并上好灯管或灯泡，并安装灯罩。 (2)吊式花灯安装：将灯具托起，并把预埋好的吊钩、吊杆挂入或插入灯具内，把吊挂销钉插入后将固定销钉的小销钉其尾部掰成燕尾状，并且将其压平。导线接好头，包扎严实。理顺后向上推起灯具上部的扣碗，将接头扣于其内，且将扣碗紧贴顶棚，拧紧固定螺丝。调整好各个灯口上好灯泡，最后配上灯罩

续上表

项目	内容
光带的安装	光带架按设计已完成，根据灯具的外形尺寸确定其支架的支撑点，再根据灯具的具体重量经过认真核算，选用型材制作支架，做好后，根据灯具的安装位置，用预埋件或用胀管螺栓把支架固定牢固。轻型光带的支架可以直接固定在主龙骨上；大型光带必须先下好预埋件，将光带的支架用螺丝固定在预埋件上，固定好支架，将光带的灯箱用机螺丝固定在支架上，再将电源线引入灯箱与灯具的导线连接并包扎绝缘带紧密（光带电源线配管应采用钢管或可挠性金属软管），调整各个灯口和灯脚，装上灯泡和灯管，上好灯罩，最后调整灯具的边框应与顶棚面的装修直线平行，如果灯具对称安装，其纵向中心轴线应在同一直线上，偏斜不应大于 5 mm
壁灯的安装	先根据灯具的外形选择或制作灯具底盘把灯具摆放在上面，四周留出的余量要对称，然后用电钻在底盘上开出线孔和安装孔，在灯具的底盘上也开好安装孔。将灯具的灯头线从底盘的入线孔甩出，在墙壁上的灯头盒内接头，并包扎严密，将接头塞入盒内。把底盘对正灯头盒，贴紧墙面，可用机螺丝将底盘直接固定在盒子耳朵上，也可采用胀管固定。调整底盘或灯具使其平正不歪斜，再用机螺丝将灯具拧在底盘上，如有灯头盒也可不加底盘把灯具直接固定在墙壁上。最后配好灯泡、灯管和灯罩，安装在室外的壁灯，其台板或灯具底盘与墙面之间应加防水胶垫，并应打好泄水孔
嵌入式灯具的安装	应预先提交有关位置及尺寸交有关人员开孔或已按设计嵌入式灯框已做好；配管应到位，不应有外露导线，将吊顶内引出的电源线与灯具电源的接线端子可靠连接；将灯具推入安装孔固定；上好灯罩，调整灯具或边框，灯具应对称安装，其纵横向中心轴线应在同一直线上，偏差不应大于 5 mm
投光灯安装	根据预埋的铁件或支架制作固定灯具的底板；如预埋铁件，应按投光灯底座的大小，制作支架和底板，先用角钢（∟50×5）切割做成支架，用不小于 30 mm 厚的钢板切割成底板，并按投光灯底座固定螺孔将支架和底板划线，用电钻钻孔，然后将支架采用焊接

续上表

项目	内容
投光灯安装	固定在预埋件上，再将底板采用焊接或螺栓固定在支架上；如原已将支架预埋好，可制作底板，将底板按投光灯底座固定螺孔划线，用电钻钻孔，然后将底板固定在支架上，底板可采用焊接或螺栓固定；去污除锈，涂刷二度防锈漆，二度面漆，色泽根据实际情况定；如采用镀锌钢材，螺栓连接可不涂刷油漆。 底板固定好后，将投光灯用螺栓固定在底板上，然后从接线盒将电源线加保护管(金属软管或塑料软管)连接在灯的电源端子上，保护管应到位，管头应封闭好，灯具电源导线连接，应采用焊接或压接，包扎好绝缘带，两层橡皮胶带，两层黑胶布或塑料胶带。 清擦灯具，调好灯的投光位置

【技能要点 6】通电试运行

灯具安装完毕后，经检查确认牢固无变形，绝缘测试检查合格后，方允许通电试运行。通电后应仔细检查和巡视，检查灯具的控制是否灵活、准确；开关与灯具控制顺序是否对应，灯具有无异常噪声，如日光灯超过 35 dB 或发现其他问题应立即断电，查出原因并修复。

【技能要点 7】质量标准

1. 主控项目

(1)灯具的固定应符合下列规定：

1)灯具重量大于 3 kg 时，固定在螺栓或预埋吊钩上。

2)软线吊灯，灯具重量在 0.5 kg 及以下时，采用软线自身吊装；大于 0.5 kg 的灯具采用吊链，且软电线编叉在吊链内，使电线不受力。

3)灯具固定牢固可靠，不使用木楔。每个灯具固定螺钉或螺丝不少于 2 个；当绝缘台直径在 75 mm 及以下时，采用 1 个螺钉或螺栓固定。

检验方法：观察检查。

(2)花灯吊钩圆钢直径不应小于灯具挂销直径，且不应小于6 mm。大型花灯的固定及悬吊装置，应按灯具重量的2倍做过载试验。

检验方法：观察检查并检查过载试验记录。

(3)当钢管做灯杆时，钢管内径不应小于10 mm，钢管厚度不应小于1.5 mm。

检验方法：实测。

(4)固定灯具带电部件的绝缘材料以及提供防触电保护的绝缘材料，应耐燃烧和防明火。

检验方法：检查材料实验记录。

(5)当灯具距地面高度小于2.4 m时，灯具的可接近裸露导体必须接地(PE)或接零(PEN)可靠，并应有专用接地螺栓，且有标识。

检验方法：观察检查。

2. 一般项目

(1)引向每个灯具的导线线芯最小截面积应符合表4—1的规定。

检验方法：观察检查。

(2)装有白炽灯泡的吸顶灯具，灯泡不应紧贴灯罩；当灯泡与绝缘台间距离小于5 mm时，灯泡与绝缘台间应采取隔热措施。

检验方法：观察检查和检查安装记录。

(3)安装在重要场所的大型灯具的玻璃罩，应采取防止玻璃碎裂后向下溅落的措施。

检验方法：观察检查。

(4)投光灯的底座及支架应固定牢固，枢轴应沿需要的光轴方向拧紧固定。

检验方法：观察检查。

(5)安装在室外的壁灯应有泄水孔，绝缘台与墙面之间应有防水措施。

检验方法：观察检查。

第二节　室外灯具安装

【技能要点1】一般规定

(1)建筑物景观照明灯、航空障碍标志灯和庭院灯安装，必须按已批准的设计文件进行施工，施工中不得自行修改设计方案，如因需要修改设计时，应经原设计单位的同意方可进行。

(2)为保证建筑物景观照明灯、航空障碍标志灯和庭院灯安装质量，确保安全运行和使用功能，必须严格控制灯具接线的相位正确性；不带电的金属外壳必须保护接地。

(3)灯头应采用防水灯头，其规格、型号和技术性能必须符合设计要求。

(4)灯具导线、电缆应有合格证，并应有"CCC"认证标志及证书复印件；技术文件应齐全。

(5)型号、规格及外观质量应符合设计要求和国家标准的规定。

(6)灯具及其配件应齐全，并应无机械损伤、变形、油漆剥落和灯罩破裂等缺陷，灯具表面应无气泡、裂纹、铁粉、肿胀、明显的擦伤和毛刺，并具有良好的光泽。

(7)电气照明装置的接线应牢固，灯具配线电压不应低于交流750 V，并且严禁裸露，电气接触应良好；需接地或接零的灯具、开关、插座等非带电金属部分，应有明显标志的专用接地螺钉。

(8)塑料台、木台应有足够的强度，受力后无弯翘变形现象；塑料台应是阻燃或难燃材料，木台应经防火处理。

(9)成套灯具的绝缘电阻值不应小于2 MΩ，并应现场抽样检测。

【技能要点2】景观照明灯安装

1. 定位放线

按施工图要求，找出景观照明灯的位置，放线必须正确，确保景观灯投光的准确性；景观落地式灯具安装在人员密集流动性大

的场所时，应设置围栏防护；如条件不允许无围栏防护，安装高度应距地面 2.5 m 以上；金属构架和灯具金属外壳及金属软管，应做保护接地线，连接牢固可靠，标识明显。

2. 检查组装灯具

景观灯的种类很多，如：庭院灯、亭台楼阁、水上喷泉及水中小品等，均是用灯光衬托，勾勒出物景的美给人带来快感。所以灯具的安装方式不同，有埋地的、落地的、立柱式、墙上的、空中的、屋面的等安装形式，但各种灯具均应先检查配件是否齐全，灯与灯具配套的支架座根据需要进行加工，如在结构上安装，应提前预埋铁件或直接安装支架，灯具落地式、埋地式的基座几何尺寸与灯箱匹配。其结构形式和材质必须符合设计要求。

3. 灯具安装

(1)每套灯具的导电部分对地绝缘电阻值大于 2 MΩ。

(2)金属构架和灯具的可接近裸露导体及金属软管的接地(PE)或接零(PEN)可靠，且有标识。

(3)灯的安装位置，应根据设计图纸而定，投光的角度和照度与景观协调一致，固定灯具应牢固，固定灯具的螺栓应加防松垫圈、灯具的接线应接在接线盒内，接线应采用压接或焊接，绝缘包扎紧密，应包扎两层橡皮胶布，两层塑料胶带，接地应牢固、标志应清晰。接线盒应密封防水。

(4)景观灯的路线宜采用 TN－S 系统或 TT 系统，接地电阻应不小于 2 MΩ，每个分支回路应设置漏电保护开关。

(5)立柱式路灯、落地式路灯、特种园艺灯等，灯具与基础固定可靠，地脚螺栓备帽齐全。灯具的接线盒或熔断器盒，盒的防水密封垫完整。

(6)金属立柱及灯具可接近裸露导体接地(PE)或接零(PEN)可靠。接地线单设干线，干线沿庭院灯布置位置形成环网状，且不少于 2 处与接地装置引出线连接。由干线引出支线与金属灯柱及灯具的接地端子连接，且有标识。

(7)灯具的自动通、断电源控制装置动作准确，每套灯具熔断器盒内熔丝齐全，规格与灯具适配。

(8)杆上照明灯(路灯)安装。

1)灯具如有配套固定卡具可直接安装，如无配套卡具应先先加工卡具并镀锌，所有紧固件及配件均应为镀锌制品。

2)每套杆上照明灯(路灯)、庭园灯，应在相线上装设熔断器，由架空线引入路灯的导线，在灯具入口处应做防水弯。采用埋地电缆的，应在杆的接线盒处加熔断器。

3)路灯照明器安装的高度和纵向间距是道路照明设计中需要确定的重要数据。参考数据见表4—4。

表4—4　路灯安装高度灯具参考数据

灯具	安装高度(m)	灯具	安装高度(m)
125～250 W荧光高压汞灯 250～400 W高压钠灯	≥5 ≥6	60～100 W白炽灯或 50～80 W荧光高压汞灯	≥4～6

4)每套灯具的导线部分对地绝缘电阻值必须大于2 MΩ。

5)灯具的接线盒或熔断器盒，其盒盖的防水密封垫应完整。

6)金属结构支托架及立柱、灯具，均应做可靠保护接地线，连接牢固可靠。接地点应有标识。

7)灯具供电线路上的通、断电自控装置动做正确，每套灯具熔断器盒内熔丝齐全，规格与灯具适配。

8)装在架空线路电杆上的路灯，应固定可靠，紧固件齐全、拧紧、灯位正确。每套灯具均配有熔断器保护。

4. 调试送电试运行

灯具安装好后应认真调试，调试设计与监理应参加，对灯具的投光角度、强度、方位、射程、效果应做现场指导，直至达到满意效果为止，调试满意后可送电试运行，试运行24 h，无问题时可验收交付使用。

【技能要点3】霓虹灯安装

1. 放线定位

按设计图纸要求和现场条件进行测量，定位放线将固定灯具

及变压器的支架确定，如需预埋铁件应配合土建进行预埋，或将铁件标在土建图上由土建埋设。

2. 支架制作安装

(1)霓虹灯管支架：一般用型钢制作成框架，根据霓虹灯的大小制作支架，由设计出图制作，框架应牢固、美观，室外应抗风压和腐蚀，安装前应刷两遍防锈漆将支架固定在预埋件上，可采用电焊焊接；如没埋设铁件可采用膨胀螺栓固定，但必须满足强度要求，设计应提出意见。

(2)变压器支架：霓虹灯变压器应尽量靠近灯管安装，可以减短高压接线，室外安装变压器离地高度不应低于 3 m 应加护栏，变压器安装应放在金属箱内，箱两侧应开百叶窗通风散热，应有防雨措施，应根据放金属箱的实际情况用型钢做支架，支架可安装在墙上、屋面上，也可座在混凝土座墩上，但必须牢固、可靠。

3. 灯具制作组装

霓虹灯管一般由直径 10～20 mm 的玻璃管，经先放样弯制做成。灯管两端各装一个电极，玻璃管内抽成真空后，再充入氖、氦等惰性气体作为发光的介质，在电极的两端加上高压，电极发射电子激发管内惰性气体，使电流导通灯管发出红、绿、蓝、黄、白等不同颜色的光束。

4. 霓虹灯管安装

灯管安装是用专用的绝缘支架固定或用各种玻璃、瓷制、塑料制的绝缘支持件固定，有的可用 0.5 mm 的裸铜线扎紧，灯管固定后，与建筑物、构筑物表面距离不小于 20 mm，安装在人不易触及的地方，管端供电电压为高压，因此从变压器 2 次引进霓虹灯的导线应采用额定电压大于 15 kV 的高压绝缘电线，也可采用裸铜线外套玻璃保护管的做法，高压线之间、高压导线与敷设面之间的距离均不应小于 50 mm；高压导线支持点间的距离，在水平敷设时为 0.5 m；垂直敷设时，支持点间的距离为 0.75 m；高压导线在穿越建筑物时，应穿双层玻璃管加强绝缘，玻璃管两端须露出建筑物两侧，长度各为 50～80 mm。

室内或橱窗里的小型霓虹灯管安装时，在框架上拉紧已套上透明玻璃管的镀锌铁丝，组成 200～300 mm 间距的网格，然后将霓虹灯管用 ϕ0.5 mm 的裸铜丝或弦线等与玻璃管绞紧即可，如图4—2所示。橱窗内装有霓虹灯时，橱窗门应与霓虹灯变压器一次侧开关有联锁装置，确保开门不接通霓虹灯电源，保证人身安全。

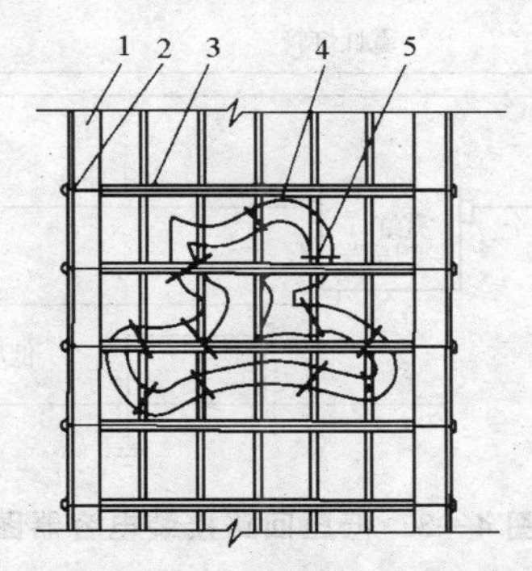

图 4—2　霓虹灯管绑扎固定

1—型钢框架；2—ϕ1.0 镀锌铁丝；
3—玻璃套管；4—霓虹灯管；5—ϕ0.5 铜丝扎紧

5. 霓虹灯变压器安装

霓虹灯专用变压器采用双圈式，所供灯管长度不大于允许负载长度，室外变压器及金属箱应牢固安装在支架、构架或混凝土座墩上。金属箱的百叶窗应挂钢板网，防止小动物飞禽进入，造成短路；霓虹灯支架及霓虹灯变压器的铁芯、金属外壳，输出端的一端以及保护箱等均应进行可靠的接地。

6. 霓虹灯一次电源

霓虹灯配电线路不得与其他照明设备共用一个回路。对于容量不超过 4 kW 的霓虹灯，可采用单相供电，对超过 4 kW 的大型霓虹灯，应三相供电、三相平衡。霓虹灯的控制，根据需要而选定，定时开关或控制开关。

控制箱一般装设在邻近霓虹灯的房间内。为防止在检修霓虹灯时触及高压，在霓虹灯与控制箱之间应加装电源控制开关和熔断器，在检修灯管时，先断开控制箱开关再断开现场的控制开关，

以防止造成误合闸而使霓虹灯管带电的危险。

霓虹灯通电后,灯管内会产生高频噪声电波,它将辐射到霓虹灯的周围,严重干扰电视机和收音机的正常使用。为了避免这种情况,在低压回路上接装一个适应的电容器就可以达到目的。如图 4—3 所示。

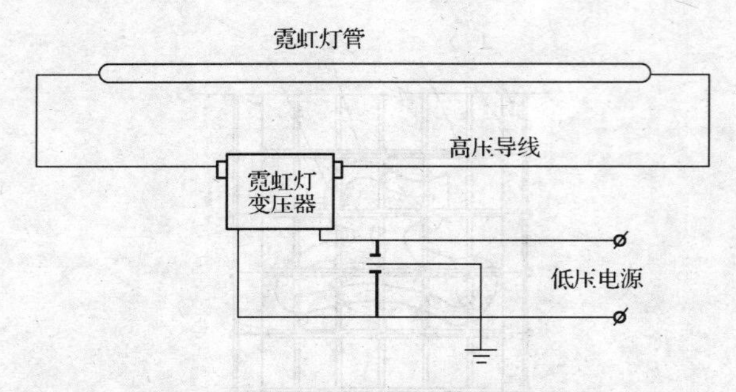

图 4—3　低压回路接装电容器图

7. 调试、试运行

调试应调试控制开关是否达到设计或用户的要求效果,能满足设计的目的和用户要求,应连续运行 24 h,每 2 h 作好记录,无异常可组织验收。

【技能要点 4】建筑物彩灯安装

1. 放线定位

按施工图要求先放线定位,预制铁件及预埋件,安装敷设线路及灯具,以保证线路灯具安装位置正确,整齐美观。

2. 灯具组装

检查灯具有无破损,连接灯头导线,分清相线零线,宜将零线用浅蓝色,也可将悬挂彩灯按尺寸将灯具接在悬挂导线上,连接灯头的导线及导线接头均应挂锡,灯头应临时通电试亮。

3. 固定式彩灯安装

采用定型的彩灯灯具,灯具的底座有溢水孔,雨水可自然排出,彩灯的普通做法如图 4—4 所示。灯具的间距500～600 mm,灯泡功率不宜超过 15 W,每个回路不宜超过 1 kW。连接彩灯的每段管路应用管卡固定，管卡固定可采用塑料胀塞，灯具两旁钢管可用 ϕ6 mm 的镀锌圆钢焊接跨接，镀锌钢管应采用不小于 4 mm^2 两端挂锡的铜导线跨接，且应用配套的镀锌卡子卡接牢固；彩灯穿管导线应使用橡胶铜导线或护套铜芯线。

固定式彩灯可直接安装在灯头盒上，先将灯具与灯头盒的电源线连接好，并包扎好绝缘，垫好防水垫，上紧螺钉固定灯具即可。也可将彩灯底座直接用塑料胀塞固定，先将灯头线与电源线连接，包扎好绝缘，将灯座压住配管上紧自攻螺钉即可。

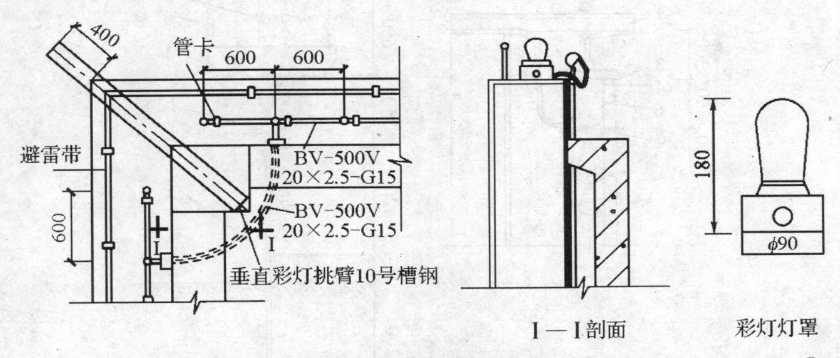

图 4—4　固定式彩灯装置做法图(单位：mm)

建筑物顶部彩灯管路按明管敷设，应使用钢管或热浸镀锌钢管，且有防雨功能。管路间，管路与灯头盒间螺纹连接，金属导管及彩灯的构架，钢索等可接近裸露导体接地(PE)或接零(PEN)可靠。彩灯装置的钢管应与避雷带(网)进行连接，并在靠近避雷带(网)引下线附近，采用 ϕ8mm 镀锌圆钢与避雷带相连；节日彩灯的供电回路应在进入建筑物入口端，装设低压阀型避雷器。

4. 悬挂式彩灯安装

多用于勾画建筑物造型无法装设固定式的部位。悬挂式彩灯是用型钢与镀锌钢索拉紧固定，采用防水灯头连同线路一起悬挂于钢索上，做法如图 4—5 所示。悬挂式彩灯导线应采用绝缘强度不低于 750 V 的橡胶铜导线，截面不小于 4 mm^2，灯头线与干线的连接应牢固，绝缘包扎紧密，应包扎两层橡皮绝缘胶布，2 层塑料胶带。导线所载有的灯具的重量的拉力不应超过该导线的允许机

械强度，灯的间距一般 500～700 mm，距地 3m 以下位置上不允许装设灯具。固定钢丝绳的拉板可不设地锚拉环，可在墙或柱子上预埋铁件或支架，将拉板固定在支架上。也可以用支架拉直一根带绝缘套管的(塑料管)钢丝绳，两端必须有绝缘子，将导线用尼龙卡子敷设于钢丝绳上，导线宜采用护套线。

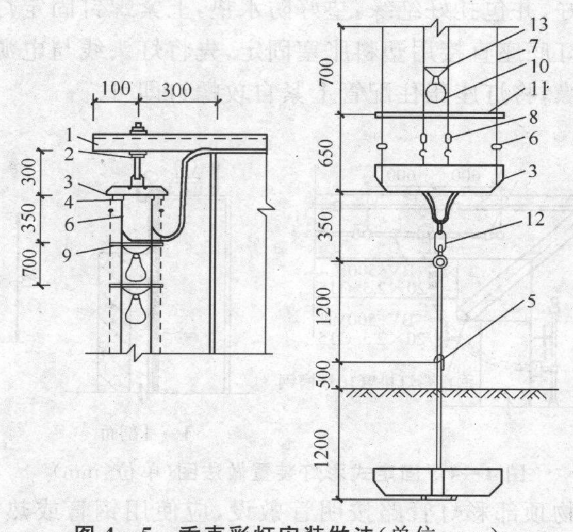

图 4—5　垂直彩灯安装做法(单位：mm)

1—角钢；2—拉索；3—拉板；4—拉钩；5—地锚环；6—钢索元宝卡子；7—镀锌钢索；8—绝缘子；9—绑扎线；10—铜导线；11—硬塑管；12—花蓝螺丝；13—接头

悬挂式彩灯安装：先将悬挂挑臂的型钢及结构型式按设计要求固定，做好防腐处理，挑臂槽钢如是镀锌件应采用螺栓固定连接，严禁焊接。

吊挂钢索：应为镀锌钢索，直径应≥4.5 mm，吊挂应采用开口吊钩螺栓在挑臂槽钢上固定，两侧应有螺帽，并应加平垫及弹簧垫圈，螺母安装紧固。常规应采用直径≥10 mm 的开口吊钩螺栓，地锚(水泥拉线盘和镀锌圆钢拉线棒组成)应为架空外线用拉线盘，埋置深度应大于 1500 mm。底把采用 ϕ16 mm 圆钢，花蓝螺栓应是镀锌制品件。

将拉板两侧钢索通过计算或尺量，两根拉索平衡一致，用钢索元宝卡子卡牢，然后将彩灯线绑扎在拉钩下的绝缘子上，再将拉板挂在挑臂下的拉索上；下部将拉板挂在地锚环上或墙、柱上支架设的花蓝螺栓上，再将花蓝螺栓紧到两侧钢索平衡垂直无弯曲，将彩灯导线穿入下端绝缘子，再将导线拉直紧固，然后按灯具的间距，在灯具的上方用绝缘绑线，将切割好的塑料管，固定钢索和导线，塑料管长度大于钢索宽度 20 mm，再将垂直彩灯电源线连接。

5. 调试试运行

彩灯安装完成后应进行调试，首先应对线路绝缘测试，绝缘电阻值不应小于 2 MΩ，有闪烁要求的应调试到符合设计或建设单位认可，再进行 24 h 试运行并做好记录，运行无问题可组织验收。

【技能要点 5】航空障碍标志灯安装

航空障碍灯是一种特殊的预警灯具，已广泛应用于高层建筑和构筑物。除应满足灯具安装的要求外，还有它特殊的工艺要求。一般高层建筑物应根据建筑的地理位置、建筑高度及当地航空部门的要求，考虑是否设置航空障碍标志灯的问题。

【技能要点 6】质量标准

1. 一般规定

障碍标志灯应装设在建筑物或构筑物的最高部位。当最高部位平面面积较大或为建筑群时，除在最高端装设障碍标志灯外，还应在其外侧转角的顶端分别装设，最高端装设的障碍标志灯光源不宜小于 2 个。障碍标志灯的水平、垂直距离不大于 45 m。在烟囱顶上设置障碍标志灯时应安装在低于烟囱口 1.5～3 m 的部位并呈三角形水平排列。

灯具的选型根据安装高度决定；低光强的（距地面 60 m 以下装设时采用）为红色光，其有效光强大于 1600 Cd。高光强的（距地面 150 m 以上装设时采用）为白色光，有效光强随背景亮度而定。灯具的电源按主体建筑中最高负荷等级要求供电。灯具安装牢固可靠，且设置维修和更换光源的措施。

2. 灯支架制作

(1)钢材的品种、型号、规格、性能等,必须符合设计要求和国家现行技术标准的规定。并应有产品质量合格证。

(2)按设计或灯具实际要求尺寸测量,划线要准确,采取机械切割的切割面应平直,确保平整光滑,无毛刺。

(3)焊接:应采用与母材材质相匹配焊条施焊。焊缝表面不得有裂纹、焊瘤、气孔、夹渣、咬边、未焊满、根部收缩等缺陷。

(4)制孔:螺栓孔的孔壁应光滑、孔的直径必须符合设计要求。

(5)组装:型钢拼缝要控制拼接缝的间距,确保形体的规整,几何尺寸准确,结构和造型符合设计要求。

(6)灯支架制作完成后,有条件的应进行热浸镀锌,无法进行热浸镀锌的应进行防腐,先除锈,刷两遍防锈漆。安装后刷两遍面漆。

3. 放线定位

按设计图纸将轴线从承重结构控制轴线直接引上,将需预埋的金属构件或固定螺栓安装尺寸标注清楚,可配合土建施工将预埋铁件或螺栓安装在混凝土中,也可将图纸提供给土建,请土建在施工时将铁件或螺栓埋入混凝土,因为灯座应与屋面板同时浇注。

4. 灯架安装

航空障碍灯有的安装在屋面上,参见图 4—6 所示。有的安装在侧墙上,参见图 4—7 所示。灯架的联结件必须是热浸镀锌件,各部结构件规格应符合设计要求。承重结构的定位轴线和标高、预埋件、固定螺栓(锚栓)的规格和位置、紧固应符合设计要求。

屋面航空障碍灯底座,如预留铁件可采用电焊,如留有螺栓可用螺帽紧固,并应设置防松动装置,紧固必须牢固可靠。

墙上灯架如原预留铁件可采用焊接,如没预留铁件可采用膨胀螺栓固定。

铁件焊接处或非镀锌件，应除锈干净，应刷两度防锈漆和两度面漆。

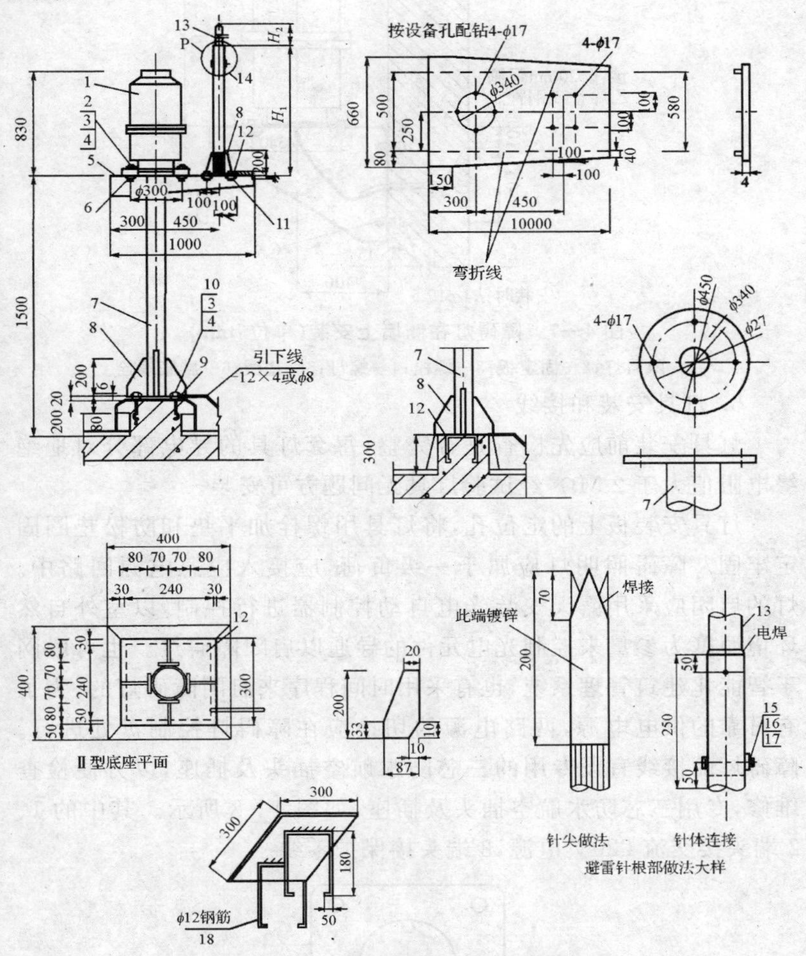

图 4—6　障碍灯在屋面上安装(单位:mm)

1—航空障碍灯；2、10、11、15—螺栓；3、16—螺母；4、17—垫圈；5—固定板；6—托盘；7—立柱；8—肋板；9、12—底板；13—避雷阵尖；14—避雷针体；18—钢筋

注：底座有两种类型，由选用者确定。底座与屋面板同时捣制并预埋螺栓或底板铁脚。

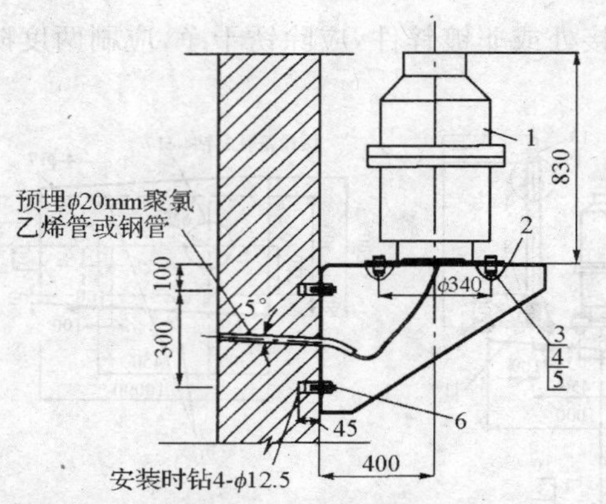

图 4—7　障碍灯在侧墙上安装(单位:mm)

1—障碍灯;2—固定板;3—螺栓;4—螺母;5—垫圈;6—膨胀螺栓

5. 灯具安装和接线

灯具安装前应先检查是否完整,每套灯具的导电部分对地绝缘电阻值大于 2 MΩ,经试验灯具无问题方可安装。

灯具安装板上的定位孔,将灯具用螺栓加平垫和防松垫圈固定牢固。障碍照明灯应属于一级负荷,应接入应急电源回路中。灯的启闭应采用露天安装光电自动控制器进行控制,以室外自然环境照度为参量来控制光电元件的导通以启闭障碍灯。也可联网于智能化建筑管理系统,也有采用时间程序来启闭障碍灯的,为了有可靠的供电电源,两路电源的切换应在障碍灯控制盘处进行。障碍灯的接线宜设专用的三芯防水航空插头及插座,以方便检查维修,专用三芯防水航空插头及插座,如图 4—8 所示。其中的 1、2 端头接交流 220V 电源,3 端头接保护零线。

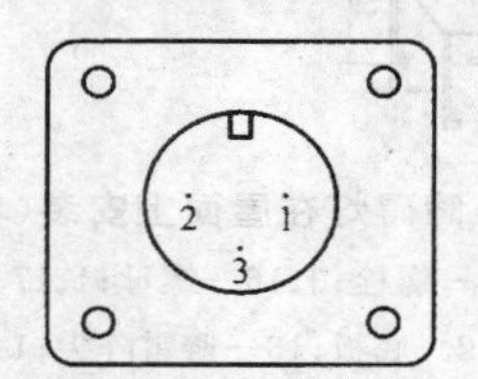

图 4—8　PLZ 型航空灯插座接线图

6. 试运行

灯具安装完毕应试调试运行，调试应按设计要求先作线路绝缘测试，调试灯起闭状态，是否满足设计或运行需要，达到要求应运行 24h 后，可组织验收。

第三节　开关、插座、风扇安装

【技能要点 1】一般规定

(1)各种开关、插座和吊扇规格、型号必须符合设计要求，并经“CCC”认证的产品，且有证明文件复印件和产品合格证。

(2)各种开关、插座面板接线盒无碎裂，应具有足够的强度，表面光滑平整，无弯翘变形等现象。

(3)风扇的各种零配件应齐全，扇叶无变形和受损现象，吊杆上的悬挂销钉必须装设防震橡皮垫及防松装置，涂层完整，调速器等附件适配。

【技能要点 2】定位画线

(1)暗装开关插座及风扇在配线施工中已定位预留，在安装前应复测位置是否符合规范或施工图要求，如达不到要求应调整或重新安装接线盒。

(2)明装开关插座及风扇，在配线时也已画线定位，但应进行复核，以满足规范或设计要求。

【技能要点 3】清理底座

(1)暗装开关插座及风扇安装，开关、插座盒应采用专用盒，安装前应将预埋盒子内残存的灰块、杂物剔掉清除干净，再用湿布将盒内灰尘擦净。若盒子有锈蚀，须除锈刷漆。

(2)明装开关、插座及风扇应在定位画线处，用电锤按开关、插座及风扇的荷载重量打眼，将膨胀螺栓、塑料胀塞或尼龙胀塞按固定位置，置入固定点。

【技能要点 4】开关安装

开关安装方法，见表 4—5。

表 4—5　开关安装的方法

项目	内容
开关安装要求	(1)同一建筑物、构筑物的开关采用同一系列的产品，开关的通断位置一致，操作灵活，接触可靠。 (2)相线应经开关控制，不得设置软线引至床边的床头开关。 (3)开关安装位置便于操作，不得安装于单扇门后，开关边缘距门框边缘的距离 0.15～0.2 m 开关距地高度 1.3 m；拉线开关距地高度 2～3 m，层高小于 3 m 时，拉线开关距顶板不小于 100 mm，拉线出口垂直向下。 (4)同一室内安装的开关高低差不应大于 5 mm；相同型号并列安装高低差不应大于 1 mm，并列安装的拉线开关的相邻间距不小于 20 mm。 (5)开关安装位置及控制顺序应与灯位相对应。 (6)多尘潮湿场所和户外应选用防水开关或加装保护箱。 (7)在易燃、易爆和特别潮湿的场所，开关应分别采用防爆型、密闭型或安装在其他场所控制
开关接线	(1)开关接线应控制相线，接点接触可靠，操作灵活，先将配线甩出的导线留出维修长度，用剥皮钳剥出线芯或用电工刀削出线芯，长度适宜，注意不要碰伤线芯。将导线按顺时针方向盘绕在开关、插座对应的接线柱上，然后旋紧压头。也可以将线芯直接插入接线孔内，再用顶丝将其压紧，注意线芯不得外露。多股线应挂锡再进行压接。 (2)暗开关、插座的面板应紧贴墙面，应用配套螺丝紧固，四周无缝隙，安装牢固，表面光滑整洁、无碎裂、划伤，装饰帽齐全。 (3)明装开关、插座应装在塑料台(木)上，将导线由塑料(木)台的出线孔穿出，将塑料(木)台用螺丝固定在盒子上或塑料(尼龙)胀塞上，调整好位置，以保证开关安装平整顺直，如明配线应将塑料(木)台在进线侧割口将导线引进，槽板配线割口应与槽板吻合，压住槽板。然后用螺栓紧固塑料(木)台，再用剥皮钳或电工刀剥去线皮，将导线穿入开关或插座，将开关、插座调整好位置，应平整垂直，用螺栓紧固，按顺时针将芯线压接在接线螺栓上或插入接线柱用顶螺丝压紧，多余线应切去，多股线应挂锡

电工刀的使用

(1)用电工刀剖削电线绝缘层时,可把刀略微翘起一些,用刀刃的圆角抵住线芯。切忌把刀刃垂直对着导线切割绝缘层,因为这样容易割伤电线线芯。

(2)导线接头之前应把导线上的绝缘剥除。用电工刀切剥时,刀口千万别伤着芯线。

(3)电工刀的刀刃部分要磨得锋利才好剥削电线,但不可太锋利,太锋利容易削伤线芯;磨得太钝,则无法剥削绝缘层。磨刀刃一般采用磨刀石或油磨石,磨好后再把底部磨点倒角,即刃口略微圆一些。

(4)对双芯护套线的外层绝缘的剥削,可以用刀刃对准两芯线的中间部位,把导线一剖为二。

(5)圆木与木槽板或塑料槽板的吻接凹槽,就可采用电工刀在施工现场切削。通常用左手托住圆木,右手持刀切削。

(6)用民工刀可以削制木榫、竹榫。

(7)多功能电工刀的锯片,可用来锯割木条、竹条,制作木榫、竹榫。

(8)多功能电工刀除了刀片外,还有锯片、锥子、扩孔锥等。

(9)在硬杂木上拧螺钉很费劲时,可先用多功能电工刀上的锥子锥个洞,这时拧螺钉便省力多了。

(10)圆木上需要钻穿线孔,可先用锥子钻出小孔,然后用扩孔锥将小孔扩大,以利较粗的电线穿过。

(11)电线、电缆的接头处常使用塑料或橡皮带等做加强绝缘,此种带可用多功能电工刀的剪子剪断。

(12)电工刀上的钢尺,可用来检测电器尺寸。

【技能要点5】插座安装

插座安装方法,见表4—6。

表 4—6 插座安装方法

项目	内容
插座安装要求	(1)车间及试验室的插座安装高度距地面不小于 0.3 m;特殊场所暗装的插座不小于 0.15 m。 (2)托儿所幼儿园及小学等儿童活动场所应采用安全插座,若采用普通插座,其安装高度不应低于 1.8 m。 (3)同一室内安装的插座高低差不应大于 5 mm;成排安装的插座高低差不应大于 1 mm。 (4)在潮湿场所,应采用密封良好并带保护接地线(PE)触头的防水防溅插座,安装高度不低于 1.5 m。在特殊潮湿和有易燃、易爆气体及粉尘的场所不应装设插座。 (5)当交流、直流或不同电压等级的插座安装在同一场所时,应有明显的区别,且必须选择不同结构、不同规格和不能互换的插座,其配套的插头,应按交流、直流或不同电压等级区别使用。 (6)当接插有触电危险家用电气的电源时,应采用能断开电源的带开关插座,开关断开相线
插座接线	(1)将配线甩出的导线留出维修长度,用剥皮钳或电工刀削出芯线,长度适宜,不要碰伤芯线,将芯线插入线孔,用顶丝压紧,芯线不得外露,多股线应挂锡再压接。 (2)插座接线应符合下列规定: 1)单相两孔插座,面对插座的右孔或上孔与相线连接,左孔或下孔与零线连接;单相三孔插座,面对插座的右孔与相线连接,左孔与零线连接。 2)单相三孔、三相四孔及三相五孔插座的接地(PE)或接零(PEN)线接在上孔。插座的接地端子不与零线端子连接。同一场所的三相插座,接线的相序一致。 3)接地(PE)或接零(PEN)线在插座间不串联连接。 4)插座箱是由多个插座组成,众多插座导线连接时,应采用 LC 型压接帽压接总头后,然后再做分支线连接;也可将导线绞接在一起用焊锡焊牢,再做分支线连接,也可采用端子排相线应采用带绝缘保护罩的端子排进行分支连接。 (3)住宅插座回路应单独装设漏电保护装置。插座使用户应使用Ⅰ类和Ⅱ类家用电器。 (4)地平插座应采用专用插座,有保护面板,面板与地面齐平或紧贴地面,插座与盖板固定均应牢固、密封良好

【技能要点 6】风扇安装

风扇安装要求,见表 4—7。

表 4—7　风扇安装的要求

项目	内容
风扇安装要求	(1)同一室内安装的吊扇开关高度应一致,高差不大于 5 mm,并列安装的高低差不大于 1 mm,且控制有序不错位。吊扇安装高度不得低于 2.5 m。 (2)壁扇安装高度下侧边缘距地面不小于 1.8 m,且接地(PE)或接零(PEN)牢固。 (3)风扇接线用剥皮钳或电工刀将配线预留导线剥去线皮,长度适易、风扇有接线柱可压接在接线柱上,无接线柱,导线应采用压线帽压接或采用绞接再挂锡焊接,接线应牢固、正确,绝缘包扎应牢固
吊扇组装	(1)不改变扇叶角度。扇叶的固定螺钉防松零件齐全。 (2)吊杆之间、吊杆与电机之间的螺纹连接,其啮合长度每端不小于 20 mm,且防松零件齐全紧固。 (3)检查接线应正确无误
吊扇安装	(1)将吊扇托起,并把预埋的吊钩将吊扇的耳环挂牢,然后接好电源接头,向上推起吊杆上的扣碗,将接头扣于其内,紧贴建筑物顶棚表面,拧紧固定螺丝。 (2)吊扇挂钩应安装牢固,吊扇挂钩的直径不应小于吊扇悬挂销钉的直径,且不得小于 8 mm。吊扇悬挂销钉应装设防震橡胶垫;销钉的防松装置应齐全、可靠。 (3)涂层完整,表面无划痕、无污染,吊杆上下扣碗安装牢固到位;同一室内并列安装的吊扇开关高度一致,且控制有序不错位
壁扇安装	(1)连接电源线和保护(PE)线或 PEN 线,包扎绝缘应牢固,壁扇底座采用尼龙塞或膨胀螺栓固定;尼龙塞或膨胀螺栓的数量不应少于两个,且直径不应少于 8 mm。壁扇底座固定牢固可靠。 (2)壁扇的安装,底座平面的垂直偏差不大于 2 mm,涂层完整,表面无划痕、无污染,防护罩无变形。 (3)壁扇防护罩扣紧,固定可靠

【技能要点 7】通电试验

开关、插座风扇安装完毕后，应对各支路绝缘进行测试，合格后进行通电试验。

(1)开关通电试验

应反复试验通断灵活、接触可靠，将开关作开启位置同灯具一起通电试验。

(2)插座安装完成后，全数用插座三相检测仪检测插座接线是否正确及漏电开关动作情况，并且用漏电检测仪检测插座的所有漏电开关动作时间，不合格的必须更换；插座通电应按设计要求加负荷，所加负荷不得超过插座标注荷载。

(3)吊扇通电运转时，扇叶无明显颤动和异常声响。

(4)壁扇通电运转时，扇时和防护罩无明显颤动和异常声响。

(5)通电试验如发现问题应先断开电源，查找原因进行修复，直至符合要求。

【技能要点 8】质量标准

1. 主控项目

(1)当交流、直流或不同电压等级的插座安装在同一场所时，应有明显的区别，且必须选择不同结构、不同规格和不能互换的插座；配套的插头应按交流、直流或不同电压等级区别使用。

检验方法：观察检查和检查安装记录。

(2)插座接线应符合下列规定：

1)单项两孔插座，面对插座的右孔或上孔与相线连接，左孔或下孔与零线连接；单项三孔插座，面对插座的右孔与相线连接，左孔与零线连接。

2)单相三孔、三相四孔及三相五孔插座的接地(PE)或接零(PEN)线接在上孔。插座的接地端子不与零线端子连接。同一场所的三相插座，接线的相序一致。

3)接地(PE)或接零(PEN)线在插座间不串联连接。

(3)特殊情况下插座安装应符合下列规定：

1)当接插有触电危险家用电器的电源时,采用能断开电源的带开关插座,开关断开相线。

2)潮湿场所采用密封型并带保护地线触头的保护型插座,安装高度不低于1.5 m。

检验方法:观察检查。

(4)照明开关安装应符合下列规定:

1)同一建筑物、构筑物的开关采用同一系列的产品,开关的通断位置一致,操作灵活、接触可靠。

2)相线经开关控制;民用住宅无软线引至床边的床头开关。

检验方法:观察检查。

(5)吊扇安装应符合下列规定:

1)吊扇挂钩安装牢固,吊扇挂钩的直径不小于吊扇挂销直径,且不小于8 mm;有防震橡胶垫;挂销的防松零件齐全、可靠。

2)吊扇扇叶距地高度不小于2.5 m。

3)吊扇组装不改变扇叶角度,扇叶固定螺栓防松零件齐全。

4)吊杆间、吊杆与电机间螺纹连接,啮合长度不小于20 mm,且防松零件齐全紧固。

5)吊扇接线正确,当运转时扇叶无明显颤动和异常声响。

检验方法:观察检查和检查安装记录。

2. 一般项目

(1)插座安装应符合下列规定:

1)当不采用安全插座时,托儿所、幼儿园及小学等儿童活动场所安装高度不小于1.8 m。

2)暗装的插座面板紧贴墙面,四周无缝隙,安装牢固,表面光滑整洁,无碎裂、划伤,装饰帽齐全。

3)车间及试(实)验室的插座安装高度距地面不小于0.3 m;特殊场所暗装的插座不小于0.15 m;同一室内插座安装高度一致。

4)地面插座面板与地面齐平或紧贴地面,盖板固定牢固,密封良好。

检验方法:观察检查和检查安装记录。

(2)照明开关安装应符合下列规定：

1)开关安装位置便于操作，开关边缘距门框边缘的距离 0.15～0.2 m，开关距地面高度 1.3 m；拉线开关距地面高度 2～3 m，层高小于 3 m 时，拉线开关距顶板不小于 100 mm，拉线出口垂直向下。

2)相同型号并列安装及同一室内开关安装高度一致，且控制有序不错位。并列安装的拉线开关的相邻间距不小于 20 mm。

3)暗装的开关面板应紧贴墙面，四周无缝隙，安装牢固，表面光滑整洁、无碎裂、划伤，装饰帽齐全。

检验方法：观察检查和检查安装记录。

(3)吊扇安装应符合下列规定：

1)涂层完整，表面无划痕、无污染，吊杆上下扣碗安装牢固到位。

2)同一室内并列安装的吊扇开关高度一致，且控制有序不错位。

检验方法：观察检查和检查安装记录。

(4)壁扇安装应符合下列规定：

1)壁扇下侧边缘距地面高度不小于 1.8 m。

2)涂层完整，表面无划痕、无污染，防护罩无变形。

检验方法：观察检查和检查安装记录。

第五章　电梯的安装

第一节　电梯电源、照明及配线

【技能要点1】电梯电源和照明

(1)电梯电源应专用,并应由建筑物配电间直接送至机房。

(2)电梯电源的电压波动范围不应超过±7%。

(3)机房照明电源应与电梯电源分开,并应在机房内靠近入口处设置照明开关。

(4)电梯机房内应有足够的照明,其地面照度不应低于200 lx(勒克斯)。

(5)电梯主开关的安装应符合下列规定:

1)每台电梯均应设置能切断该电梯最大负荷电流的主开关;

2)主开关不应切断下列供电电路:

①轿厢照明、通风和报警;

②机房、隔层和井道照明;

③机房、轿顶和底坑电源插座。

3)主开关的位置应能从机房入口处方便、迅速地接近;

4)在同一机房安装多台电梯时,各台电梯主开关的操作机构应装设识别标志。

操作机构简介

操作机构又称操动机构,是操作断路器、负荷开关等分、合时所使用的驱动机构,它常与被操作的高压电器组合在一起。操作机构按操作动力分为手动式、电磁式、电动机式、弹簧式、液压式、气动式及合重锤式,其中电磁式、电动机式等需要交流电源或直流电源。

(6)轿厢照明和通风电路的电源可由相应的主开关进线侧获得，并在相应的主开关近旁设置电源开关进行控制。

(7)轿顶应装设照明装置，或设置以安全电压供电的电源插座。

(8)轿顶检修用 220 V 电源插座(2P＋PE 型)应装设明显标志。

(9)井道照明应符合下列规定：

1)电源宜由机房照明回路获得，且应在机房内设置具有短路保护功能的开关进行控制；

2)照明灯具应固定在不影响电梯运行的井道壁上，其间距不应大于 7 m；

3)在井道的最高和最低点 0.5 m 以内各装设一盏照明灯。

(10)电气设备接地应符合下列规定：

1)所有电气设备的外露可导电部分均应可靠接地或接零；

2)电气设备保护线的连接应符合供电系统接地型式的设计要求；

3)在采用三相四线制供电的接零保护(即 TN)系统中，严禁电梯电气设备单独接地。

(11)电梯轿厢可利用随行电缆的钢芯或芯线作保护线。当采用电缆芯线作保护线时不得少于 2 根。

(12)采用计算机控制的电梯，其“逻辑地”应按产品要求处理。当产品无要求时，可按下列方式之一进行处理：

1)接到供电系统的保护线(PE 线)上；

当供电系统的保护线与中性线为合用时(TN—C 系统)，应在电梯电源进入机房后将保护线与中性线分开(TN—C—S 系统，图 5—1)，该分离点(A 点)的接地电阻值不应大于 4 Ω；

2)悬空“逻辑地”；

3)与单独的接地装置连接。该装置的对地电阻值不得大于 4 Ω。

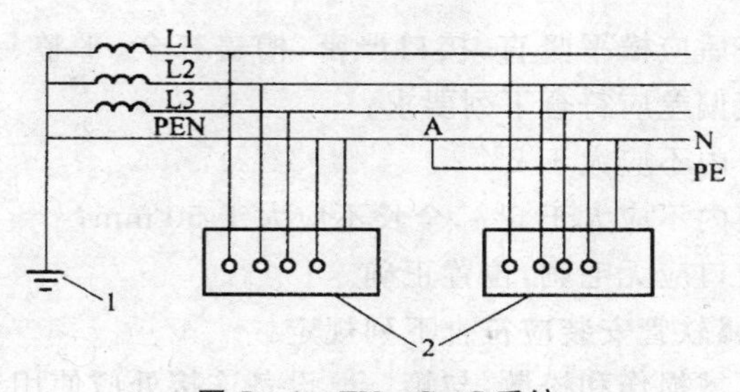

图 5—1　TN—C—S 系统

1—电源接地极；2—外露可导电部分

【技能要点 2】配线

(1)电梯电气装置的配线，应使用额定电压不低于 500 V 的铜芯绝缘导线。

(2)机房和井道内的配线应使用电线管或电线槽保护，严禁使用可燃性材料制成的电线管或电线槽。铁制电线槽沿机房地面敷设时，其壁厚不得小于 1.5 mm。

不易受机械损伤的分支线路可使用软管保护，但长度不应超过 2 m。

(3)轿顶配线应走向合理，防护可靠。

(4)电线管、电线槽、电缆架等与可移动的轿厢、钢绳等的距离：机房内不应小于 50 mm；井道内不应小于 20 mm。

(5)电线管安装应符合下列规定：

1)电线管应用卡子固定，固定点间距均匀，且不应大于 3 m；

2)与电线槽连接处应用锁紧螺母锁紧，管口应装设护口；

3)安装后应横平竖直，其水平和垂直偏差应符合下列要求：

①机房内不应大于 2‰；

②井道内不应大于 5‰，全长不应大于 50 mm；

4)暗敷时，保护层厚度不应小于 15 mm。

(6)电线槽安装应符合下列规定：

1)安装牢固，每根电线槽固定点不应少于 2 点，并列安装时，应使槽盖便于开启；

2)安装后应横平竖直,接口严密,槽盖齐全、平整、无翘角;其水平和垂直偏差应符合下列要求:

①机房内不应大于2‰;

②井道内不应大于5‰,全长不应大于50 mm;

3)出线口应无毛刺,位置正确。

(7)金属软管安装应符合下列规定:

1)无机械损伤和松散,与箱、盒、设备连接处应使用专用接头;

2)安装应平直,固定点均匀,间距不应大于1 m,端头固定应牢固。

(8)电线管、电线槽均应可靠接地或接零,但电线槽不得作保护线使用。

(9)接线箱、盒的安装应平正、牢固、不变形,其位置应符合设计要求。当无设计规定时,中线箱应安装在电梯正常提升高度的1/2加高1.7 m处的井道壁上。

(10)导线(电缆)的敷设应符合下列规定:

1)动力线和控制线应隔离敷设。有抗干扰要求的线路应符合产品要求;

2)配线应绑扎整齐,并有清晰的接线编号。保护线端子和电压为220 V及以上的端子应有明显的标记;

3)接地保护线宜采用黄绿相间的绝缘导线;

4)电线槽弯曲部分的导线、电缆受力处,应加绝缘衬垫,垂直部分应可靠固定;

5)敷设于电线管内的导线总截面积不应超过电线管内截面积的40%,敷设于电线槽内的导线总截面积不应超过电线槽内截面积的60%;

6)线槽配线时,应减少中间接头。中间接头宜采用冷压端子,端子的规格应与导线匹配,压接可靠,绝缘处理良好;

7)配线应留有备用线,其长度应与箱、盒内最长的导线相同。

(11)随行电缆的安装应符合下列规定:

1)当设中线箱时,随行电缆架应安装在电梯正常提升高度的1/2加高1.5 m处的井道壁上;

2)随行电缆安装前,必须预先自由悬吊,消除扭曲;

3)随行电缆的敷设长度应使轿厢缓冲器完全压缩后略有余量,但不得拖地。多根并列时,长度应一致;

4)随行电缆两端以及不运动部分应可靠固定;

5)圆型随行电缆应绑扎固定在轿底和井道电缆架上,绑扎长度应为 30～70 mm。绑扎处应离开电缆架钢管 100～150 mm(图 5—2、图 5—3);

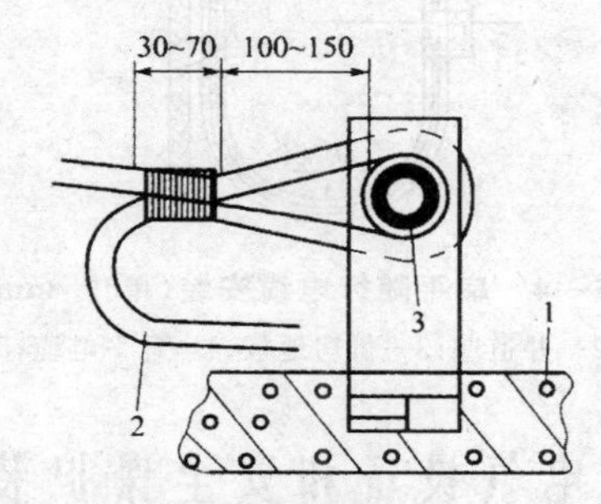

图 5—2　井道内随行电缆绑扎(单位:mm)

1—井道壁;2—随行电缆;3—电缆架钢管

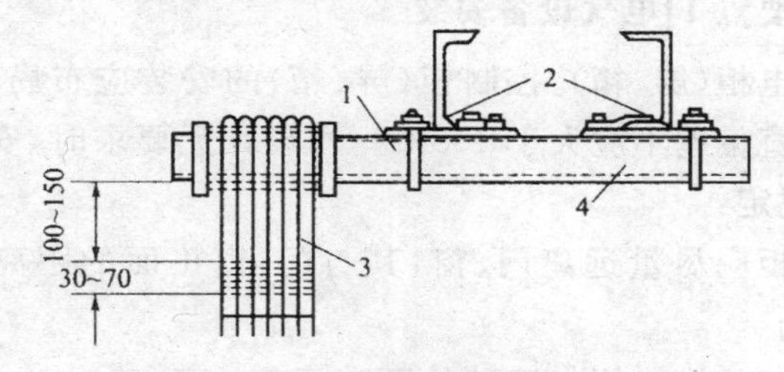

图 5—3　轿底随行电缆绑扎(单位:mm)

1—轿底电缆架;2—电梯底梁;3—随行电缆;4—电缆架钢管

6)扁平型随行电缆可重叠安装,重叠根数不宜超过 3 根,每两根间应保持 30～50 mm 的活动间距。扁平型电缆的固定应使用楔形插座或卡子(图 5—4)。

(12)随行电缆在运动中有可能与井道内其他部件挂、碰时,必须采取防护措施。

(13)圆型随行电缆的芯数不宜超过 40 芯。

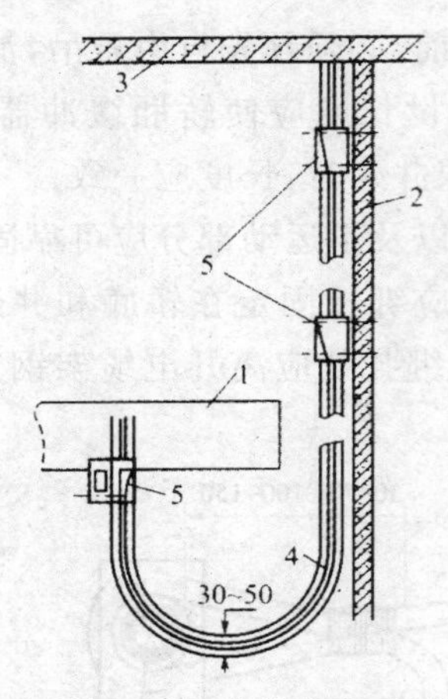

图 5—4　扁平随行电缆安装(单位:mm)

1—轿厢底梁;2—井道壁;3—机房地板;4—扁平电缆;5—楔形插座

第二节　电气设备和安全保护装置安装

【技能要点 1】电气设备安装

(1)配电柜(屏、箱)、控制柜(屏、箱)的安装应布局合理,固定牢固,其垂直偏差不应大于 1.5‰。当设计无要求时,安装位置应符合下列规定:

1)屏、柜应尽量远离门、窗,其与门、窗正面的距离不应小于 600 mm;

2)屏、柜的维修侧与墙壁的距离不应小于 600 mm;其封闭侧宜不小于 50 mm;

3)双面维修的屏、柜成排安装时,当宽度超过 5 m 时,两端均应留有出入通道,通道宽度不应小于 600 mm;

4)屏、柜与机械设备的距离不应小于 500 mm。

(2)机房内配电柜(屏)、控制柜(屏)应用螺栓固定于型钢或混凝土基础上,基础应高出地面 50～100 mm。

(3)机械选层器的安装应符合下列规定:

1)位置合理,便于维修检查;

2)固定牢固,其垂直偏差不应大于1‰;

3)应按机械速比和楼层高度比检查调整动、静触头位置,使之与电梯运行、停层的位置一致;

4)换速触头的提前量应按电梯减速时间和平层距离调节;

5)触头动作和接触应可靠,接触后应留有压缩余量。

(4)井道和轿顶传感器(感应器)的安装应符合下列规定:

传感器简介

传感器是把非电量转换为电量的装置。例如,传感器能把火灾产生的高温信号、光信号、烟雾信号等非电量转换为电信号,能把振动、压力、位移、速度、加速度、转速、特殊气体、混凝土强度、混凝土缺陷等非电量转换为电信号。传感器在自动控制和非电量测量领域应用广泛。

常见的传感器有电阻式、电感式、电容式、光电式、热电式、磁敏元件式、压电式、超声波式等,其基本原理是输出的电量随输入的非电量改变而改变。例如,电阻式传感器的阻值随环境温度或受到的拉力改变而改变,光电式传感器输出的电压随光线强弱或烟雾浓淡的改变而改变。

1)安装位置应符合图纸要求,配合间隙按产品说明进行调整;

2)支架应用螺栓固定,不得焊接;

3)应能上下、左右调整,调整后必须可靠锁紧,不得松动;

4)安装后应紧固、垂直、平整,其偏差不宜大于1 mm。

(5)层门(厅门)召唤盒、指示灯盒及开关盒的安装应符合下列规定:

1)盒体应平正、牢固、不变形;埋入墙内的盒口不应突出装饰面;

2)面板安装后应与墙面贴实,不得有明显的凹凸变形和歪斜;

3)安装位置当无设计规定时,应符合下列规定(图5—5、图5—6):

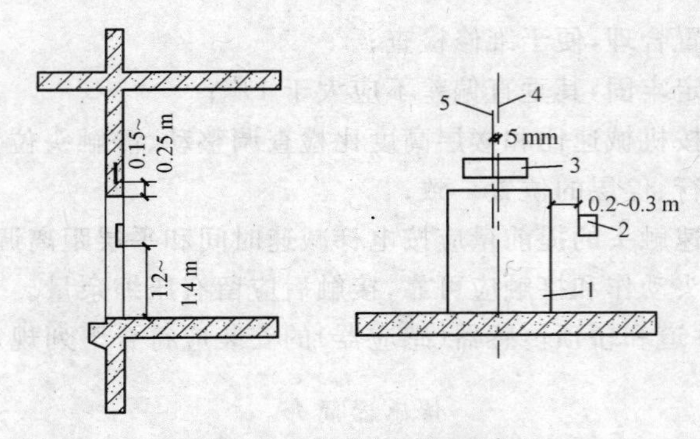

图 5—5　单梯层门装置位置

1—层门(厅门)；2—召唤盒；3—层门指示灯盒；

4—层门中心线；5—指示灯盒中心线

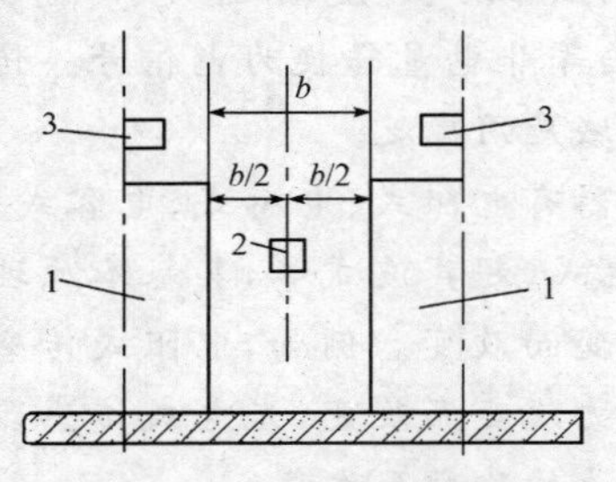

图 5—6　并联、群控电梯召唤盒

1—层门(厅门)；2—召唤盒；3—层门指示灯盒

①层门指示灯盒应装在层门口以上 0.15～0.25 m 的层门中心处。指示灯在召唤盒内的除外；

②层门指示灯盒安装后，其中心线与层门中心线的偏差不应大于 5 mm；

③召唤盒应装在层门右侧距地 1.2～1.4 m 的墙壁上，且盒边与层门边的距离应为 0.2～0.3 m；

④并联、群控电梯的召唤盒应装在两台电梯的中间位置；

4)在同一候梯厅有 2 台及以上电梯并列或相对安装时，各层门对应装置的对应位置应一致，并应符合下列规定(图 5—7、图 5—8)：

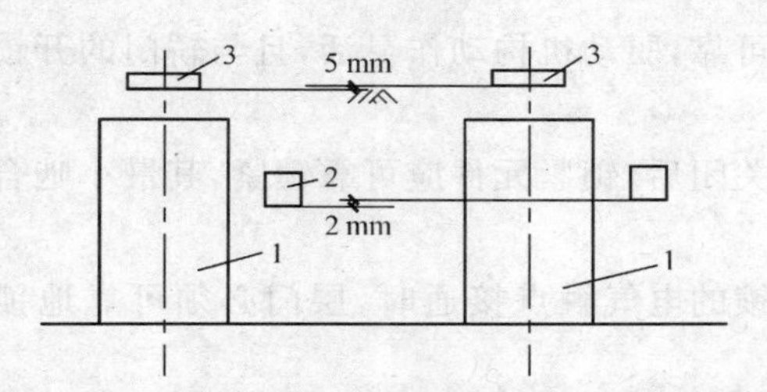

图 5—7 并列梯层门装置相应位置偏差

1—层门(厅门);2—召唤盒;3—层门指示灯盒

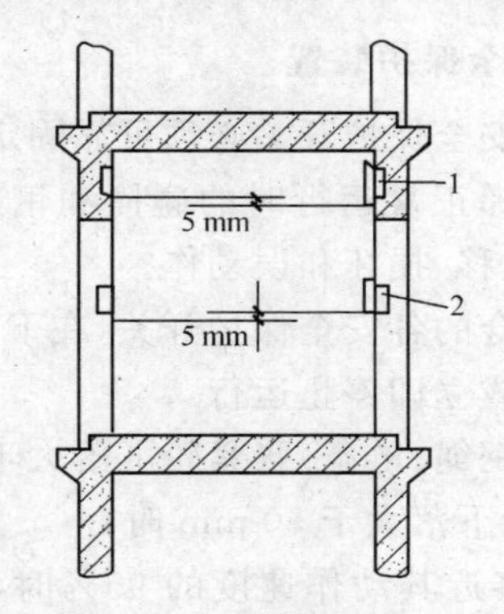

图 5—8 同一候梯厅层门装置对应高差

1—层门指示灯盒;2—召唤盒

①并列梯各层门指示灯盒的高度偏差不应大于 5 mm;

②并列梯各召唤盒的高度偏差不应大于 2 mm;

③各召唤盒距层门边的距离偏差不应大于 10 mm;

④相对安装的电梯,各层门指示灯盒的高度偏差和各召唤盒的高度偏差均不应大于 5 mm。

(6)具有消防功能的电梯,必须在基站或撤离层设置消防开关。消防开关盒宜装于召唤盒的上方,其底边距地面的高度宜为 1.6～1.7 m。

(7)层门闭锁装置应采用机械—电气联锁装置,其电气触点必须有足够的断开能力,并能使其在触点熔接的情况下可靠断开。

(8)层门闭锁装置的安装应符合下列规定:

1)固定可靠,驱动机构动作灵活,且与轿门的开锁元件有良好的配合;

2)层门关闭后,锁紧元件应可靠锁紧,其最小啮合长度不应小于 7 mm;

3)层门锁的电气触点接通时,层门必须可靠地锁紧在关闭位置上;

4)层门闭锁装置安装后,不得有影响安全运行的磨损、变形和断裂。

【技能要点 2】安全保护装置

(1)电梯的各种安全保护开关必须可靠固定,不得采用焊接固定;安装后不得因电梯正常运行时的碰撞和钢绳、钢带、皮带的正常摆动使开关产生位移、损坏和误动作。

(2)与机械相配合的各安全保护开关,在下列情况时应可靠断开,使电梯不能起动或立即停止运行:

1)选层器钢带(钢绳、链条)张紧轮下落大于 50 mm 时;

2)限速器配重轮下落大于 50 mm 时;

3)限速器速度接近其动作速度的 95%时,对额定速度1 m/s及以下电梯最迟可在限速器达到其动作速度时;

4)安全钳拉杆动作时;

5)任一曳引绳断开时;

6)电梯载重量超过额定载重量的 10%时;

7)任一厅、轿门未关闭或未锁紧时;

8)安全窗开启时;

9)液压缓冲器被压缩时。

(3)电气系统中的安全保护装置应进行下列检查:

1)错相、断相、欠电压、过电流、弱磁、超速、分速度等保护装置应按产品要求检验调整;

2)开、关门和运行方向接触器的机械或电气联锁应动作灵活可靠;

3)急停、检修、程序转换等按钮和开关,动作应灵活可靠。

(4)极限、限位、缓速开关碰轮和碰铁的安装应符合下列规定：

1)碰铁应无扭曲变形，开关碰轮动作灵活；

2)碰铁安装应垂直，允许偏差为1‰，全长不应大于3 mm。碰铁斜面除外；

3)开关、碰铁应安装牢固。在开关动作区间，碰轮与碰铁应可靠接触，碰轮边距碰铁边不应小于5 mm；

4)碰轮与碰铁接触后，开关接点应可靠断开，碰轮沿碰铁全长移动不应有卡阻，且碰轮应略有压缩余量；

5)强迫缓速开关的安装位置应按产品设计要求安装。

(5)极限和限位开关的安装位置应符合设计要求，当设计无要求时，碰铁应在轿厢地槛超越上、下端站地槛50～200 mm范围内。接触碰轮，使开关迅速断开，且在缓冲器被压缩期间开关始终保持断开状态。

(6)交流电梯极限开关的安装应符合下列规定：

1)钢绳应横平竖直，导向轮不应超过2个，轮槽应对成一条直线，且转动灵活，导向轮架加装延长杆时，延长杆应有足够的强度；

2)上、下极限碰轮应与牵动钢绳可靠固定；

3)牵动钢绳应沿开关断开方向在闸轮上复绕不少于2圈，且不得重叠；

4)安装后应连续试验5次，均应动作灵活可靠。

(7)轿厢自动门的安全触板安装后应灵活可靠，其动作的碰撞力不应大于5 N。光电及其他形式的防护装置功能必须可靠。

第三节　调整试车和工程交接验收

【技能要点1】调整试车

(1)试运转前应按下列要求进行检查：

1)机房温度应保持在5 ℃～40 ℃之间，在25 ℃时环境相对湿度不应大于85%；

2)机械和电气设备的安装,应具备调整试车条件;

3)电气设备外露导电部分的保护线连接应符合相关的规定;

4)电气接线应正确,连接可靠,标志清晰;

5)曳引电动机过电流、短路等保护装置的整定值应符合设计要求;

6)继电器、接触器动作应正确可靠,接点接触应良好;

继电器、接触器简介

1. 继电器

在电路中起控制信号中继(传递、中转)作用的电器称继电器。继电器的工作过程:当继电器的输入量(电量或非电量)达到一定值时,继电器输出控制信号,控制信号一般是开关量,即触头动作;控制信号传递给控制电路或保护电路中的执行电器(如接触器、自动开关),方法是将继电器的触头串联在接触器或自动开关的控制线圈中;执行电器去控制电气设备。继电器常用于电气设备的自动控制和保护电路中,也用于电子电路中。

继电器和接触器的相同点是二者都有电磁机构和触头系统,触头的动作原理相同。继电器和接触器的不同点:一是接触器能用于直接控制主电路,而继电器触头只能断开很小的电流,一般不能直接用于控制主电路,常串联在接触器或自动开关的控制线圈中使用;二是接触器的输入量是电量,而继电器的输入量可以是电量也可以是非电量。输入量是电量的继电器有电压继电器、电流继电器等;输入量是非电量的继电器必须内置传感器,将非电量转换为电量,这类继电器有热继电器、气体继电器、压力继电器等;三是接触器的触头是双断点触头(能形成两个断点),而继电器的触头是单断点触头。

另外,延时继电器是指收到输入的控制信号后并不马上动作,而是延迟一定时间再动作的继电器,如用于电动机过载保护的热继电器应有延时功能。

2. 接触器

接触器是用作频繁接通和断开主回路(电源回路)的电器。车床、卷扬机、混凝土搅拌机等设备的控制属于频繁控制,配电箱、开关箱中电源的控制属于不频繁控制。接触器由电磁机构、触头系统、灭弧装置和其他部分组成,其外形和构造分别如图5—9所示。

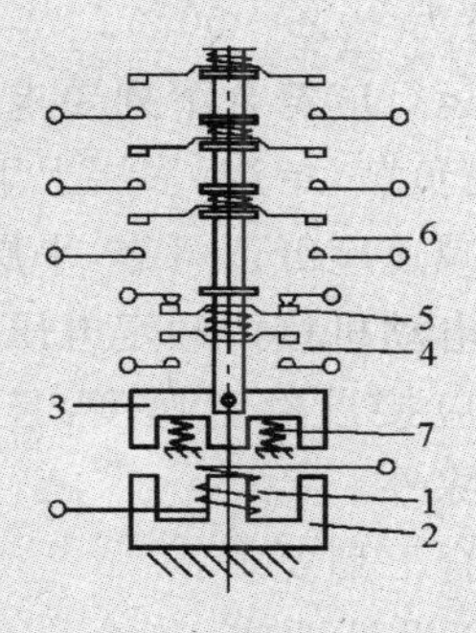

图5—9　接触器的构造

1—吸引线圈;2—铁芯;3—衔铁;4—常开辅助触头;
5—常闭辅助触头;6—主触头;7—恢复弹簧

直流接触器的工作原理与交流接触器相同,但结构上稍有不同。

和电力开关的功能相比,接触器主要用于主回路的频繁控制、远距离控制和自动控制,没有保护作用;电力开关主要用于电源的不频繁控制、手动控制,通常兼有多种保护作用,如过载保护、短路保护等。

7)电气设备导体间及导体与地间的绝缘电阻值应符合下列规定:

①动力设备和安全装置电路不应小于0.5 MΩ;

②低电压控制回路不应小于0.25 MΩ。

(2)电气安全保护装置的安装与调整应符合相关规范的规定。

(3)检修速度调试运行应符合下列规定:

1)制动器的调整应符合下列要求:

①制动力和动作行程应按设备的要求调整；

②制动器闸瓦在制动时应与制动轮接触严密。松闸时与制动轮应无摩擦，且间隙的平均值不应大于 0.7 mm。

2)全程点动运行应无卡阻，各安全间隙应符合要求。

3)检修速度不应大于 0.63 m/s。

4)自动门运行应平稳、无撞击。

5)平衡系数应调整为 40%～50%。

(4)额定速度调试运行应符合下列要求：

1)轿厢内置入平衡负载，单层、多层上下运行，反复调整，升至额定速度，起动、运行、减速应舒适可靠，平层准确；

2)在工频下，曳引电动机接入额定电压时，轿厢半载向下运行至行程中部时的速度应接近额定速度，且不应超过额定速度的 5%。加速段和减速段除外。

(5)运转试验应符合下列要求：

1)运转功能应符合设计要求，指令、召唤、选层定向、程序转换、起动运行、截车、减速、平层等装置功能正确可靠，声光信号显示清晰正确；

2)调整上、下端站的换速、限位和极限开关，使其位置正确，功能可靠；

3)空载、半载和满载试验应符合下列要求：

①在通电持续率为 40%的情况下，往返升降各 2 h；

②电梯运行应无故障，起动应无明显的冲击，停层应准确平稳；

③制动器动作应可靠；

④制动器线圈温升不应超过 60 ℃；减速机油的温升不应超过 60 ℃，且温度不得超过 85 ℃。

(6)超载试验应符合下列要求：

1)应在轿厢内置入 110%的额定负载，在通电持续率为 40%的情况下，往返运行 0.5 h；

2)电梯应安全可靠地起动、运行；

3)减速机、曳引电动机应工作正常,制动器动作应可靠。

(7)平层准确度应符合表5—1的规定。

表5—1　平层准确度

电梯类别	额定速度(m/s)	平层准确度(mm)
交流双速	≤0.63	=15
交流双速	≤1.00	=30
交直流调速	≤2.00	=15
交直流调速	≤2.50	=10

(8)技术性能测试应符合下列规定:

1)电梯的加速度和减速度的最大值不应超过1.5 m/s^2。额定速度大于1 m/s、小于2 m/s的电梯,平均加速度和平均减速度不应小于0.5 m/s^2。额定速度大于2 m/s的电梯,平均加速度和平均减速度不应小于0.7 m/s^2。

2)乘客、病床电梯在运行中,水平方向的振动加速度不应大于0.15 m/s^2,垂直方向的振动加速度不应大于0.25 m/s^2。

3)乘客、病床电梯在运行中的总噪声应符合下列规定:

①机房噪声不应大于80 dB;

②轿厢内噪声不应大于55 dB;

③开关门过程中噪声不应大于65 dB。

【技能要点2】工程交接验收

在交接验收时,应提交下列资料和文件:

(1)电梯类别、型号、驱动控制方式、技术参数和安装地点;

(2)制造厂提供的随机文件和图纸;

(3)变更设计的实际施工图及变更证明文件;

(4)安全保护装置的检查记录;

(5)电梯检查及电梯运行参数记录。

第六章 防雷和装置的安装

第一节 接地装置安装

【技能要点1】一般规定

(1)人工接地装置或利用建筑物基础钢筋的接地装置必须按设计要求位置设测试点。如设计无要求,每 30 m 应设一处检测点,高度不应低于 0.3 m,且不高于 2 m,一个单位工程高度应一致。如墙面为高级装饰材料,可设地下检测井,作接地电阻测试点。

(2)接地装置的材料应采用热浸镀锌处理的钢材,当设计无要求时,最小允许规格、尺寸应符合表 6—1。

表 6—1 接地装置材料最小允许规格、尺寸

种类、规格及单位		敷设位置及使用类别			
		地上		地下	
		室内	室外	交流电流回路	直流电流回路
圆钢直径(mm)		6	8	10	12
扁钢	截面(mm²)	60	100	100	100
	厚度(mm)	3	4	4	6
角钢厚度		2	2.5	4	6
钢管管壁厚度(mm)		2.5	2.5	3.5	4.5

(3)地下不得采用裸铝导体作接地装置的接地体和接地线;埋设要求应符合设计要求。

(4)接地装置,水平埋设深度不得小于 0.6 m,经人行通道处埋地深度不小于 1 m,且应采取均压措施或在其上方铺设卵石或沥青地面,垂直接地体在水平接地体的基础上,埋深一般不小于 2.5 m,垂直接地体的间距不小于垂直接地体的 2 倍;接地体通常不小于 2 根,间距不小于 5 m。

(5)接地装置应采用焊接,焊接应采用搭接焊。

【技能要点 2】人工接地体制作

根据设计要求的材料、规格进行加工，钢接地极一般采用圆钢，直径一般不小于 ϕ20 mm，钢管一般采用不小于 D40，壁厚不小于 3.5 mm；角钢采用不小于 40 mm×40 mm×4 mm 的构造，长度均不应小于 2.5m；为打入土中顺利，可将接地极一端加工成锥形。圆钢将一端用火加热至可锻造时打成尖状，钢管可加热锻打成扁尖形。土质很硬时可采用抽条法，将钢管割成 4～6 瓣，然后焊接将端部加工成锥形。角钢可切割成尖头形状；为防止端头打裂钢管顶端可用 10 mm 以上钢板加保护帽封焊；角钢可加大一号，并焊接保护帽，如图 6—1 所示。

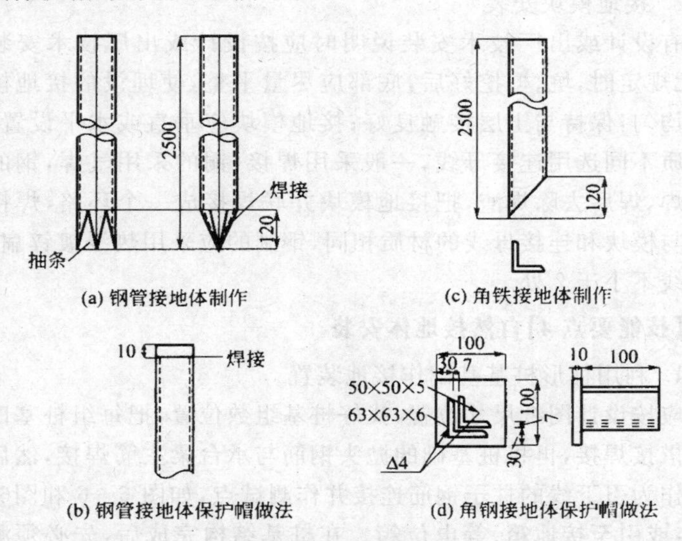

图 6—1　钢管与角钢接地体做法图(单位：mm)

【技能要点 3】人工接地装置安装

1. 钢制人工接地体安装

沟、槽挖好后应立即安装接地极，接地极间距不小于 5 m，距地坪不小于 0.6 m，接地极一般采用大锤打入，一人扶接地极，一人打入，当接地极打至地坪处，可进行水平接地体敷设，水平接地体，采

用扁钢应≥30 mm×4 mm,采用圆钢应≥ϕ12 mm,扁钢应侧放置与接地极焊接,接地极采用钢管或圆钢与水平接地体连接时,焊接不小于3个面,即上面与两个侧面,而且应附加Ω形钢筋(扁钢)或L形钢筋(扁钢),以增加导体连接截面,如图6—2～图6—4所示。如垂直接地体采用角钢应四面均焊接;焊接连接完成可继续将接地体打入槽底。

水平接地体(带形接地体)一般用于建筑物四周敷设成环状闭合的接地装置,也用于土质坚硬的接地装置,如山区丘陵地带;导体连接一般采用熔焊连接:埋设深度不小于0.6 m,所采用材料规格按设计要求,做法可参照图6—5所示。

2. 接地模块安装

有设计或出厂技术安装说明时应按设计或出厂技术安装说明,无规定时,坑、槽挖好后,底部应尽量平整,使埋设的接地模块受力均匀,保持与土层接触良好;接地模块应垂直或水平设置,根据材质不同选用连接母线,一般采用焊接,铜的采用气焊,钢的采用电焊,焊后去除焊渣,把接地模块并联焊接成一个环路,焊接材料应与模块和连接母线的材质相同,钢制的应采用热浸镀锌扁钢,引出线不小于2处。

【技能要点4】自然接地体安装

1. 利用柱形桩基基础作接地装置

应按设计图纸尺寸位置,找好桩基组数位置,把每组桩基四角钢筋搭接焊接,再将桩基础的抛头钢筋与承台梁主筋焊接,然后与上面作为引下线的柱子钢筋连接并作测试点,如图6—6和图6—7所示,或引至接地箱、等电位箱。在桩基结构完成后,先必须测试其接地电阻,若达不到设计要求,应在预留辅助接地连接板处加入人工接地极,辅助接地极深度应在−0.8 m以下。

2. 利用钢筋混凝土板式基础做接地体

(1)利用无防水层底板做接地装置,按设计尺寸位置要求标好位置,将底板钢筋搭接焊好,然后将柱主筋、不少于2根与底板钢筋搭接焊好,待基础做完后,进行接地电阻测试,如达不到设计要求,应从预埋连接板处加人工接地,如达到可不做人工接地。如图6—8所示。

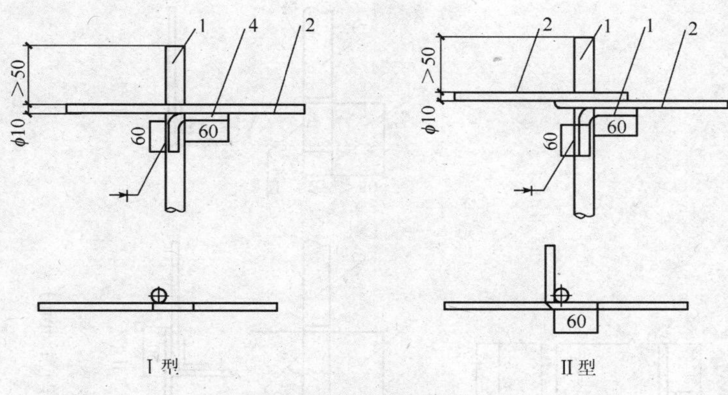

(a)接地体和圆钢连接线的连接方式

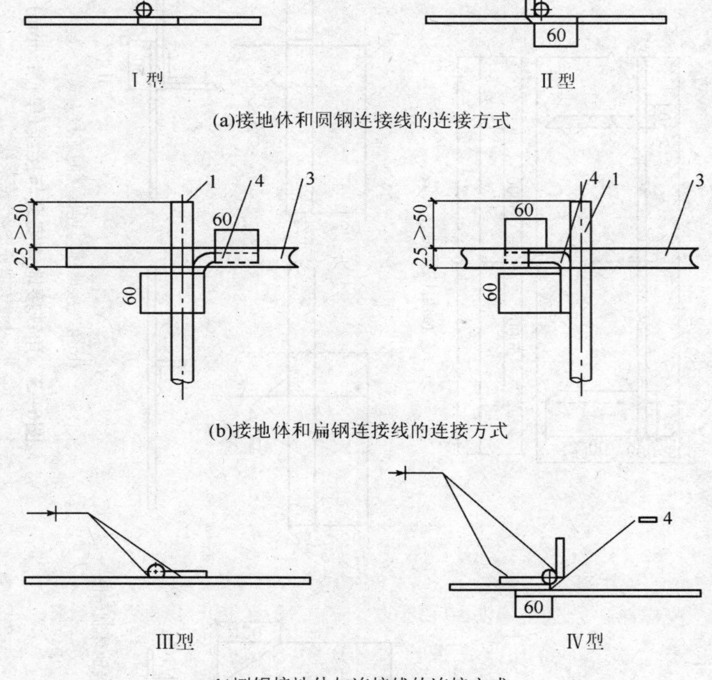

(b)接地体和扁钢连接线的连接方式

(b)圆钢接地体与连接线的连接方式

图6—2　圆(扁)钢接地体安装与接线(单位:mm)

1—接地体;2、3—连接线;4—连接体

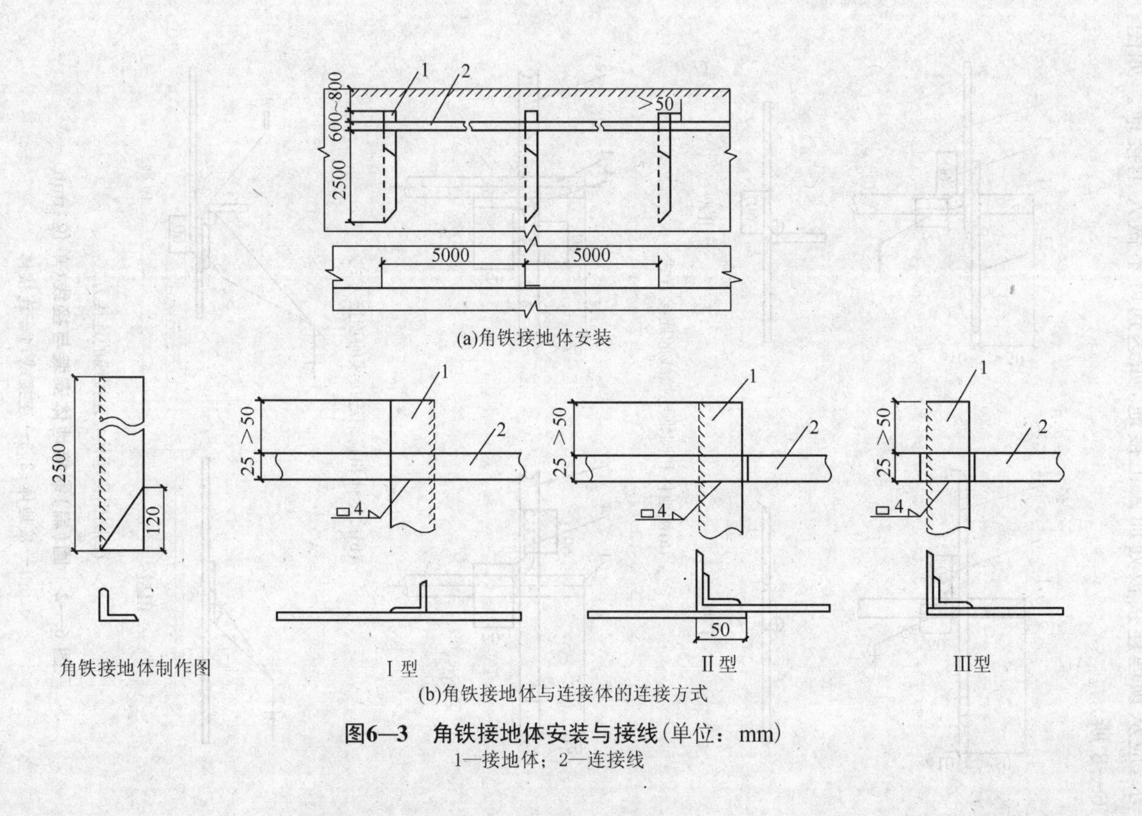

图6—3　角铁接地体安装与接线(单位：mm)

1—接地体；2—连接线

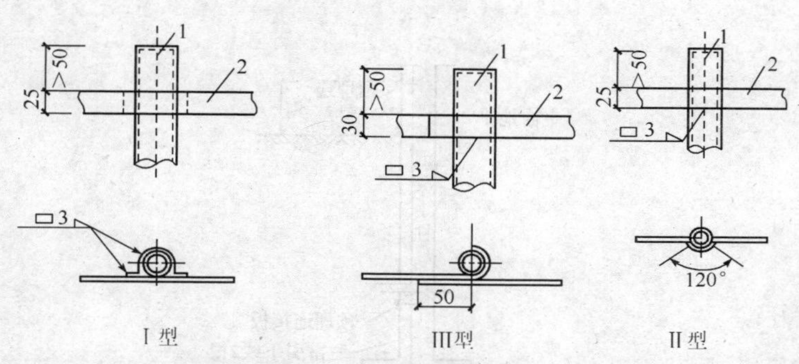

图 6—4　钢管接地体与连接线的连接方式(单位:mm)

1—接地体;2—连接线;3—卡箍

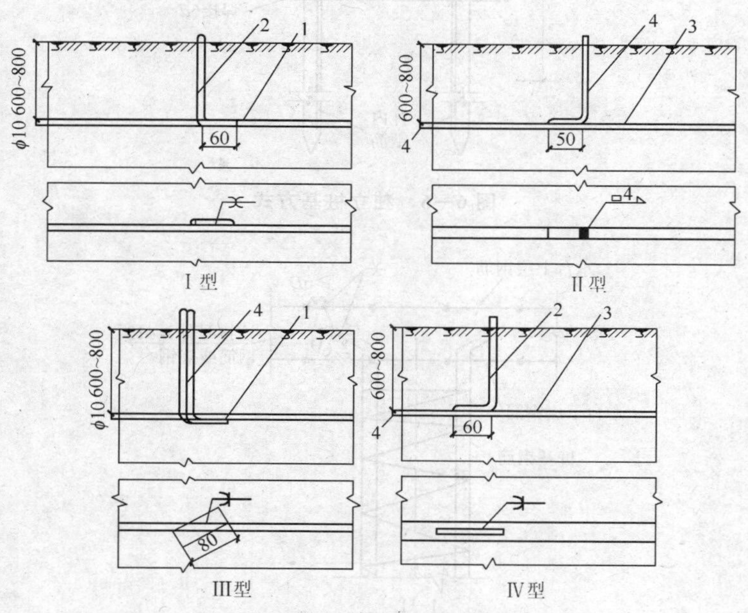

图 6—5　水平接地体做法(单位:mm)

1、3—接地体;2、4—接地线

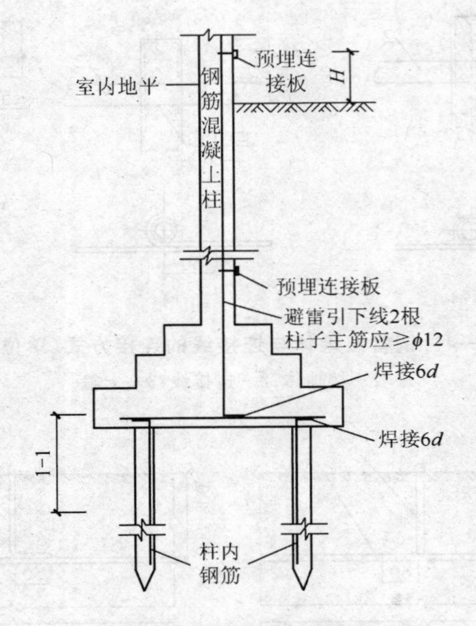

图 6—6　独立桩基方式

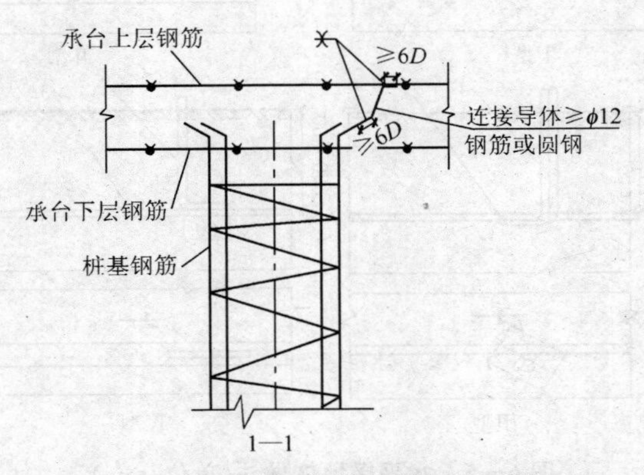

图 6—7　桩基内钢筋做法接地装置做法图

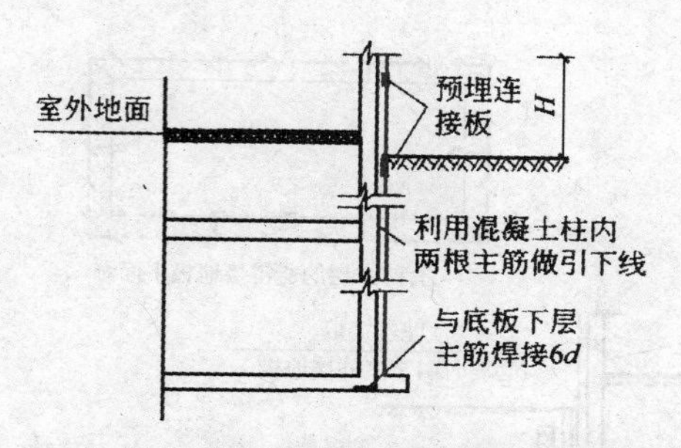

(a) 利用无防水层箱形基础钢筋做接地极

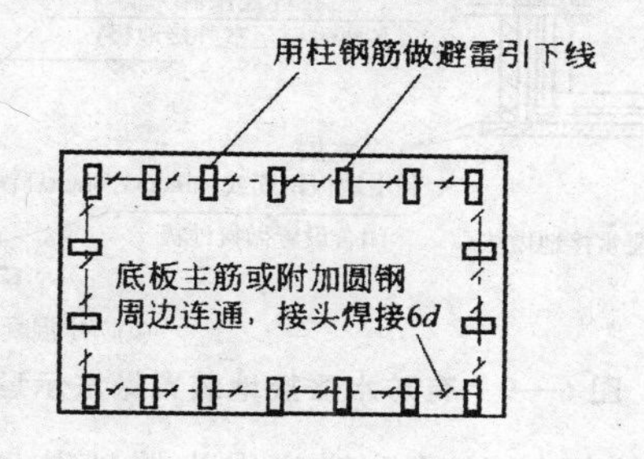

(b) 无防水层底板避雷接地极平面图

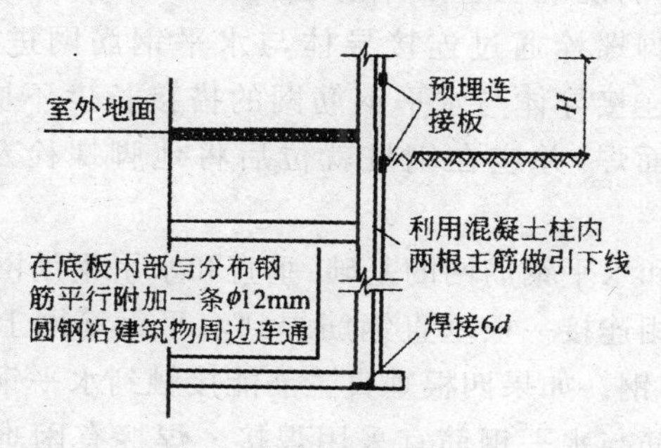

(c) 无防水层接地做法

图 6—8　无防水层接地装置做法示意

(2)有防水层板式基础的钢筋做接地装置时，不得破坏防水层，在基础钢筋满足接地要求时，可不做外引人工接地。做法可参照图 6—9 所示。

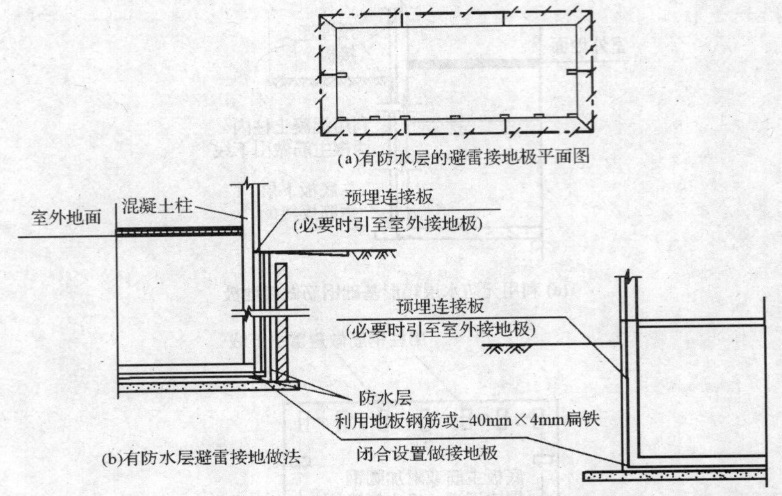

图 6—9　有防水层接地装置做法示意

(3)利用钢柱钢筋混凝土基础作为接地装置:仅有水平钢筋网的钢柱、钢筋混凝土基础作接地装置时,每个钢筋混凝土基础中有一个地脚螺栓通过连接导体与水平钢筋网进行焊接连接,地脚螺栓与连接导体与水平钢筋网的搭接长度不应小于钢筋直径的 6 倍双面焊,并应在钢桩就位后将地脚螺栓及螺母和钢柱焊为一体。

有垂直和水平钢筋网的基础:垂直和水平钢筋网的连接,应将与地脚螺栓相连接一根垂直钢筋焊到水平钢筋网上,连接钢筋应≥ϕ12mm 圆钢。如果四根垂直主筋能接触到水平钢筋网时,将垂直的 4 根钢筋与水平钢筋宜采用焊接。焊接有困难时,可采用绑扎,绑扎连接应不小于钢筋直径的 20 倍,且接触应紧密牢固。安装可参照图 6—10 所示。基础混凝土工程完成后应立即测试接地电阻。接地电阻达不到设计要求,应加人工接地,但应通过设计做补充设计。

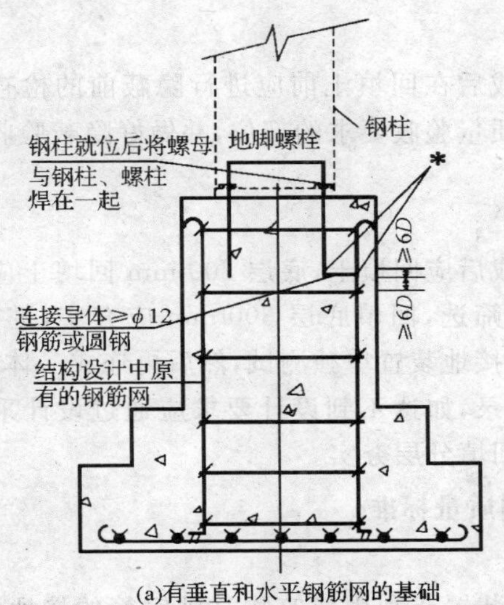

(a)有垂直和水平钢筋网的基础

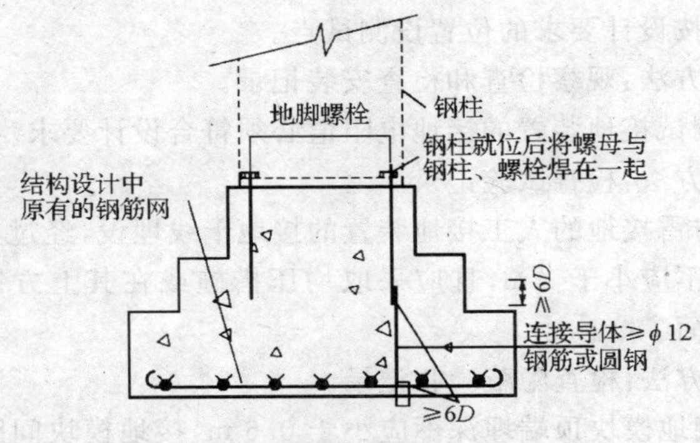

(b)仅有水平钢筋网的基础

图 6—10 钢筋混凝土基础接地装置做法

【技能要点 5】后期处理

1. 防腐

接地装置安装完成后应进行防腐，除混凝土里面的接地装置，在土壤或砖墙内的焊接处以及镀锌层破坏的部位，一律应进行防腐，设计有要求的应按设计要求，设计无要求的刷两遍沥青漆或两遍防锈漆，刷漆前应清除焊渣，保证油漆附着力好。

2. 隐蔽检查

防腐工程完成后在回填土前应进行隐蔽前的检查，查看是否有达不到设计和质量验收要求的部位，并做好隐蔽验收，并将坐标尺寸绘制草图。

3. 复土夯实

隐蔽工程完成后应回填土，底层 300 mm 回填土应将石子，杂物去掉，土质差应筛选，回填底层 300 mm 应夯实，进行接地电阻测试：测试应每组接地装置单独测试，然后再连成一体进行系统测试；并填好测试记录，如达不到设计要求应通过设计采取措施；如满足要求可继续回填分层夯实。

【技能要点 6】质量标准

1. 主控项目

(1)人工接地装置或利用建筑物基础钢筋的接地装置必须在地面以上按设计要求的位置设测试点。

检验方法：观察检查和检查安装记录。

(2)测试接地装置的接地电阻值必须符合设计要求。

检验方法：检查试验记录。

(3)防雷接地的人工接地装置的接地干线埋设，经过人行道处埋地深度不应小于 1 m，且应采取均压措施或在其上方铺设卵石或沥青地面。

检验方法：检查隐蔽验收记录。

(4)接地模块顶端埋深不应小于 0.6 m，接地模块间距不应小于模块长度的 3～5 倍，接地模块埋设基坑，一般为模块外形尺寸的 1.2～1.4 倍，且在开挖深度内详细记录地层情况。

检验方法：检查隐蔽验收记录。

(5)接地模块应垂直或水平就位，不应倾斜设置，保持与原土层接触良好。

检验方法：施工时旁站和检查隐蔽验收记录。

2. 一般项目

(1)当设计无要求时，接地装置顶面埋设深度不应小于0.6 m。

圆钢、角钢及钢管接地极应垂直埋入地下，间距不应小于 5 m。接地装置的焊接应采用搭接焊，搭接长度应符合下列规定：

1)扁钢与扁钢搭接为扁钢宽度的 2 倍，不少于三面施焊。

2)圆钢与圆钢搭接为圆钢直径的 6 倍，双面施焊。

3)圆钢与扁钢搭接为圆钢直径的 6 倍，双面施焊。

4)扁钢与钢管，扁钢与角钢焊接，紧贴角钢外侧两面，或紧贴钢管 3/4 表面，上下两侧施焊。

5)除埋设在混凝土中的焊接接头外，应有防腐措施。

检验方法：实测、观察检查和检查隐蔽验收记录。

(2)当设计无要求时，接地装置和材料采用为钢材，热浸镀锌处理，最小允许规格、尺寸应符合表 6—1 的规定。

检验方法：材料进场验收。

(3)接地模块应集中引线，用干线接地模块并联焊接一个环路，干线的材质与接地模块焊接点的材质应相同，钢制的采用热浸镀锌扁钢，引出线不少于 2 处。

检验方法：检查接地装置安装记录。

第二节　避雷引下线敷设

【技能要点 1】一般规定

(1)避雷引下线不应少于 2 根，但周长不超过 25 m，高度不超过 40 m 的建筑物，且为三类防雷建筑物可只设 1 根引下线。引下线应沿建筑物四周均匀或对称布置，其间距不得大于 25 m，当仅利用建筑物四周的钢柱或柱子钢筋作为引下线时，可按跨度设引下线，但引下线的平均间距不应大于 25 m。

(2)明装敷设引下线截面，采用热浸镀锌圆钢时其直径不得小于 8 mm，采用热浸镀锌扁钢时其截面不得小于 12 mm×4 mm。引下线应沿最短路线引至接地体，弯曲处半径 R 应大于等于圆钢直径或扁钢厚度的 10 倍。明装引下线距墙面≤90 mm，每隔 1.5～2 m 应设置支持架固定。

(3)暗装引下线利用钢筋混凝土板、梁、柱钢筋作为引下线，和外引预埋连接板，引下线与钢筋的连接应焊接或采用螺栓紧固的U形卡子连接。利用混凝土柱钢筋作引下线不少于 ϕ10 mm 1 根主筋，利用金属构件铁爬梯等作引下线，构件之间必须连接成电气通路。

(4)明装应设断接卡子，距地高度为1.5～1.8 m，断接卡子以下应设钢管或角钢保护，暗装可引到断接卡子箱或连接板检测点或地下接地电阻检测点，具体位置或高度由设计确定。

(5)避雷引下线，接地干线，在容易受机械损伤的部位，应加钢管或角钢保护，在穿越楼板或墙时应加套管保护，跨越伸缩缝时应做Ω弯补偿。

(6)避雷引下线或接地干线所使用的钢材或支持件均应经热浸镀锌。

(7)当电缆穿过零序电流互感器时，电缆头的接地线应通过零序电流互感器后接地；由电缆头至穿过零序电流互感器的一段电缆金属护层和接地线应对地绝缘。

(8)配电间隔和静止补偿装置的栅栏门及变配电室金属门铰链处的接地连接，应采用编织铜线。变配电室的避雷器应用最短的接地线与接地干线连接。

(9)设计要求接地的幕墙金属框架和建筑物的金属门窗，应就近与接地干线连接可靠，连接处不同金属间应有防电化腐蚀措施。铜线接头，应挂锡。

【技能要点2】明装避雷引下线安装

(1)引下线支持卡子应按图纸制作并进行热浸镀锌。

(2)定位放线：用线锤找垂直线，在引下线两端定下支持卡子点，卡子距端部0.3 m为宜，并将支架先打眼用水泥砂浆固定，固定时卡子正、侧面应一致，待牢固后挂线，将其他支持卡子均匀分布，间距在1.5～2 m。支持卡子最好在主体完成时安装，外墙完成时宜污染或破坏墙面。

(3)引下线敷设:在支架强度达到安装要求,外墙面装饰已结束,外墙架子没拆除时,应安装引下线,将调直的引下线上端甩到与接闪器连接部位,从引下线上端开始用支持卡子逐一卡牢,引下线长度不足连接应采用电焊连接,连接应煨来回弯,保持引下线垂直。

(4)断接卡子安装:断接卡子一般距地 1.5～1.8 m,一个单位工程高度应一致。

(5)防腐:在有焊接接头的位置和镀锌层破坏的位置应防腐,刷二度防锈漆和 2 度银粉漆。

【技能要点 3】暗装避雷引下线安装

1. 沿外墙敷设引下线

在主体工程结束后,按图纸要求定位放线,在主体施工时将暗装断接卡子箱按施工图位置留置洞口或将箱体安装在墙内。在装修前,将引下线,用 U 形卡钉或钩钉,如图 6—11 所示。将引下线固定在墙面上,也可采用膨胀螺栓或射钉枪射钉固钉,固定应平整牢固,接头处应采用电焊连接,焊后应刷二度防锈漆。引下线采用圆钢直径不小于 10 mm,采用扁钢不小于 20 mm×4 mm。

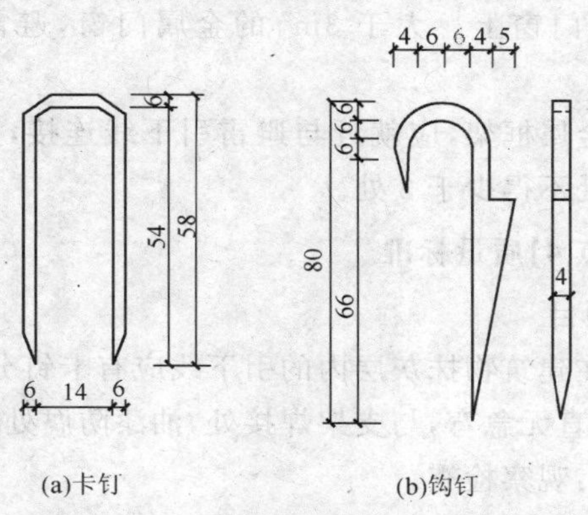

图 6—11　U 形卡钉、钩钉制作(单位:mm)

固定引下线上端应甩头至接闪器,与接闪器连接应采用电焊焊接,也可采用 U 形卡子螺栓(钢丝绳元宝卡子)连接但不小于 2

个，下端入断接卡子箱。

引下线也可随土建进行敷设，下端与接地装置连接好或与断接卡子箱连接好，将引下线随主体工程进度埋设于建筑物内至屋顶，甩足与接闪器连接的引下线导线。

2. 引下线均压环（带）敷设和连接

(1)沿结构层做引下线：利用混凝土结构的板、梁、柱钢筋做引下线和均压环（带），在板、梁、柱钢筋绑扎后，按施工图要求，对钢筋绑扎或焊接情况进行定位确认，将作引下线的均压环（带）的钢筋可靠连接，作好记录检查，应满足设计要求。

(2)根据设计要求，高层建筑为防侧击雷，需作均压环（带）的，应与作引下线的钢筋可靠连接，一般 30 m 以上均应每层设均压带，有设计应按设计要求，金属物与金属门窗应与均压环（带）或引下线可靠连接，应从均压环（带）或引下线，梁、柱的钢筋焊接圆钢或扁钢接至金属门窗，预留连接板与金属门窗相连。如图 6—12 所示。也可在避雷导体窗侧的一面焊接一扁钢连接板（25 mm×4 mm×500 mm），在一端钻一 ϕ6 mm 圆眼用 6 mm^2 多股软铜导线，两头用端子压接并挂锡，一头接在接线板上，一头可接在金属门窗上。大于 3m^2 的金属门窗，避雷导体连接不得少于 2 处。

(3)幕墙金属框架，应就近与避雷引下线连接，并应符合设计要求，但连接处不得少于 2 处。

【技能要点 4】质量标准

1. 主控项目

(1)暗敷在建筑物抹灰层内的引下线应有卡钉分段固定；明敷的引下线应平直无急弯，与支架焊接处，油漆防腐处理，且无遗漏。

检验方法：观察检查。

(2)变压器室、高低压开关室内的接地干线应有不少于 2 处与接地装置引出干线连接。

检验方法：观察检查。

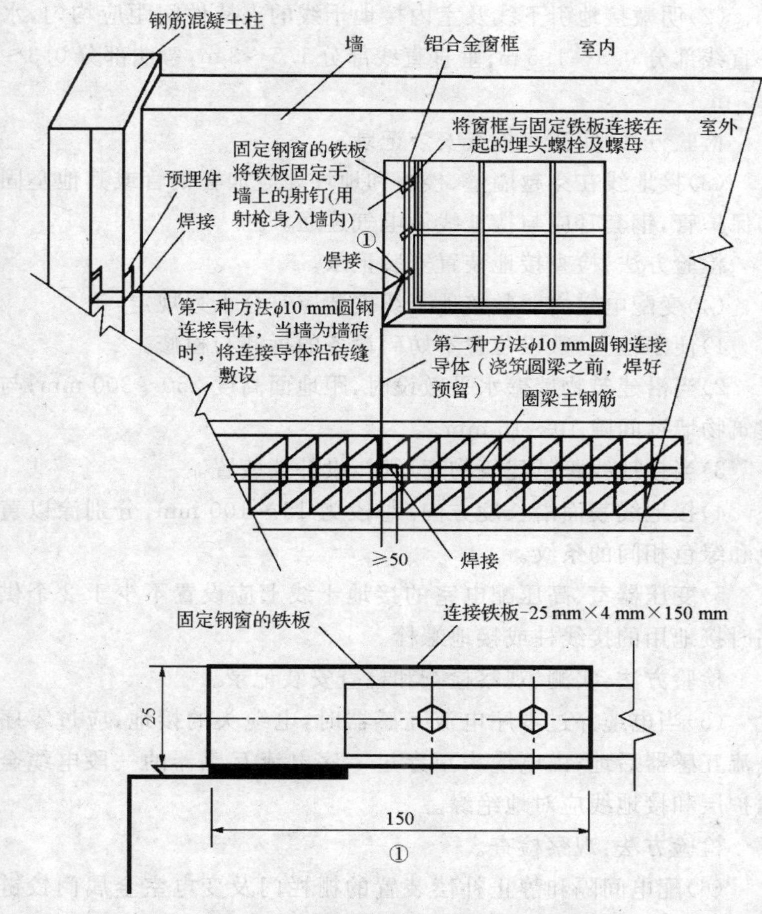

图 6—12　金属门窗与避雷连接作法

(3)当利用金属构件，金属管道做接地线时，应在构件或管道与接地干线间焊接或连接金属跨接线。

检验方法：观察检查。

2. 一般项目

(1)钢制接地线的焊接连接应符合设计和有关标准的要求。

检验方法：实测、观察检查和检查隐蔽验收记录。

(2)明敷接地引下线及室内接地干线的支持件间距应均匀，水平直线部分0.5～1.5 m；垂直直线部分1.5～3 m，弯曲部分0.3～0.5 m。

检验方法：实测和检查安装记录。

(3)接地线在穿越墙壁、楼板和地坪处应加套钢管或其他坚固的保护管，钢套管应与接地线做电气连通。

检验方法：检查接地装置安装记录。

(4)变配电室内明敷接地干线安装应符合下列规定：

1)便于检查，敷设位置不妨碍设备的拆卸与检修。

2)当沿建筑物墙壁水平敷设时，距地面高度250～300 mm；与建筑物墙壁间隙10～15 mm。

3)当接地线跨越建筑物变形时，设补偿装置。

4)接地线表面沿长度方向，每段为15～100 mm，分别涂以黄色和绿色相间的条纹。

5)变压器室、高压配电室的接地干线上应设置不少于2个供临时接地用的接线柱或接地螺栓。

检验方法：实测、观察检查和检查安装记录。

(5)当电缆穿过零序电流互感器时，电缆头的接地，应过零序电流互感器后地；由电缆头至穿过零序电流互感器的一段电缆金属护层和接地线应对地绝缘。

检验方法：观察检查。

(6)配电间隔和静止补偿装置的栅栏门及变电室金属门铰链处的接地连接，应采用编织铜线。变配电室的避雷器应用最短的接地干线连接。

检验方法：观察检查。

(7)设计要求接地的幕墙金属框架和建筑物的门窗，应就近与接地干线连接可靠，连接处不同金属间应有防电化腐蚀措施。

检查方法：观察检查和检查安装记录。

第三节 接闪器安装

【技能要点 1】一般规定

(1)可利用女儿墙上或挑檐上设置的金属栏杆、扶手做接闪器。金属发射塔、接收塔、航空障碍指示灯、建筑物顶部的避雷针、避雷带等必须与顶部外露的其他金属物连成一个整体电气通路，并且要与引下线连接可靠。

(2)接闪器位置设置正确，焊接固定的焊缝饱满，且无漏焊、虚焊。螺栓固定时，各种防松动零件齐全，焊接处防腐油漆完整。

(3)避雷带(明装)应平直，固定支持件间距均匀，固定牢固可靠。每个支持件承受的垂直拉力应大于 49 N(5 kg)，并应作拉力试验。

(4)避雷带焊接应采用搭接焊接，搭接长度应符合下列规定：

1)扁钢之间搭接为扁钢宽度的 2 倍，且不少于三面施焊；

2)圆钢与圆钢搭接为圆钢直径的 6 倍，双面施焊；

3)圆钢与扁钢搭接时，为圆钢直径的 6 倍，且双面施焊。

(5)当避雷带跨越建筑物的沉降缝时，应设补偿装置(将避雷带在伸缩缝处煨成 Ω 形)。

(6)当避雷带不在同一标高时，应用垂直避雷带将其连接，且不少于 2 处。

【技能要点 2】独立避雷针制作安装

1. 钢结构独立避雷针

(1)定位放线做基础：按图纸要求定位放线，挖槽作基础，基础应按设计要求，挖槽应放坡，避免塌方，基础一般采用不低于 C15 混凝土做钢结构避雷针基础，在浇注混凝土的时候，安装人员应放样将预埋件或螺栓做好。

(2)避雷针根据设计要求，采用角钢或圆钢制作，规格按设计定，一般按高度分段下料，每节高度宜控制在 5 m；顶部一节可控

制在 3.5 m;针一般为 1.5 m 左右,采用圆钢 ϕ18～ϕ22 mm 制作,端部应加工成尖状,具体尺寸由设计定;下料时应放样或通过计算,以免浪费;下料后一般采用焊接拼装,焊接时应先点焊,调直后再满焊;每节拼装完成后应进行防腐处理,有条件的可进行热浸镀锌,无条件的可刷 2 遍漳丹漆或防锈漆。

(3)组装前每节应检查是否调正调直,经检查无误,连接处也满足要求,可进行组装,连接有采用焊接或螺栓连接,具体做法设计定,如采用焊接镀锌层或底漆破坏应补刷。

(4)组装 20 m 以下独立避雷针,可组装后用吊车一次吊装完成,超过 20 m 应由专业吊装起重工进行拼接吊装,吊装前应在针的连接处四面用方木或圆木绑扎在针上,以增加强度,避免弯曲变形。

(5)组装完成后应采用经纬仪进行校正,校正后固定牢固,刷面漆二遍。

2. 钢筋混凝土环形杆独立避雷针

钢筋混凝土环形杆独立避雷针,如图 6—13 所示。

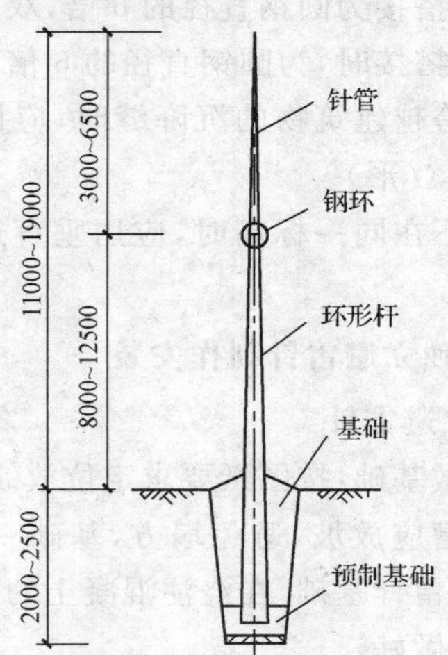

图 6—13　环形避雷针组图示意图(单位:mm)

(1)定位放线作基础:按设计要求定位放线,挖槽作基础,基础应按设计要求，挖槽应注意放坡，避免塌方，地槽挖好后，应用 C10 细石混凝土作 100 mm 的垫层找平；将预制混凝土槽形基础（底盘）厚度在 200 mm，如图 6—14 所示，平放入找平层上，大小由设计定。

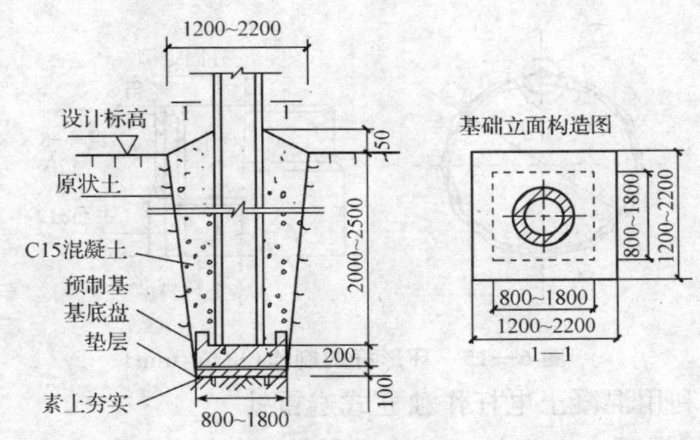

图 6—14　环形杆基础构造（单位：mm）

（2）避雷针管制作：一般采用钢管制作（ϕ33.5×3.25 mm）顶端应制成锐角，可采用抽条法，然后打成尖状焊接而成，高度不足根据实际情况可接一段大型号钢管焊接连接，并做好底盘与环形杆连接针和管应经热浸镀锌，焊接处可刷二遍防锈漆二度面漆。

（3）环形杆的制作：应由设计给环形杆加工单位，提供加工图，并提出要求，一般在杆的顶部应有钢环，如图 6—15 所示；环形杆主筋（ϕ12 mm 圆钢）应有不小于 2 根与钢环连接，并与下部 2.5～3 m 处接地螺栓（M16）相连接，以备与接地装置连接。

（4）避雷针管与环形杆连接可采用焊接，将针管底盘与环形杆顶部钢环连接，连接时先应四面点焊然后对称焊，而后满焊，以防止弯曲变形。

（5）环形杆避雷针吊装一般采用汽车吊，吊装四面应拴大绳待吊装调整后，将大绳封死，基坑浇灌混凝土待混凝土强度达到 70%强度后大绳可撤掉；基坑周围土如有松动，应回填时分层夯实。

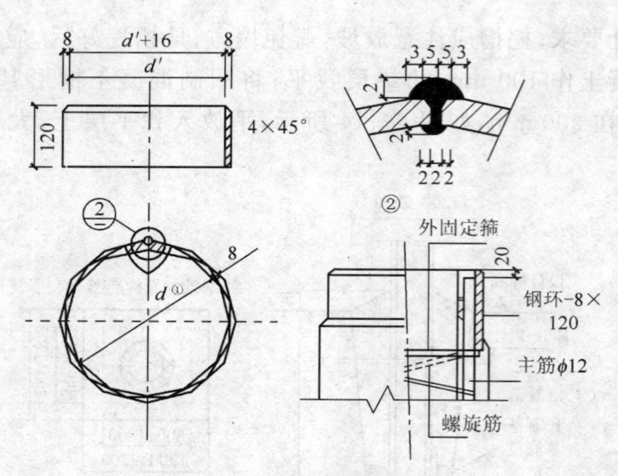

图 6—15 环形杆的制作(单位:mm)

3. 利用混凝土电杆作独立式避雷针

采用混凝土电杆作独立式避雷针,可节约资金并缩短工期,针的做法可采用钢管或圆钢,针的高度一般在 4 m 以内,针的固定可采用 U 形抱箍固定角钢横担,将避雷针固定在横担上,一般不小于 2 道,将引下线焊在避雷针下端,引下线不小于 ϕ8 mm 热浸镀锌圆钢,而后沿电杆用 8 号铅丝垂直绑扎在电杆上,在距地 1.8～2 m 处设断接卡与接地装置连接。

【技能要点 3】建筑物、构筑物避雷针制作安装

1. 避雷针制作

避雷针一般用圆钢或钢管制作,针长在 1m 以下时,圆钢为 ϕ12 mm,钢管为 *DN*20。针长在 1～2 m 时,圆钢为 ϕ16 mm,钢管为 *DN*25。其他型号避雷针按设计要求制作,针的端部应为尖状,制作完成后应进行热浸镀锌。

2. 墙上避雷针制作安装

一般应安装在混凝土结构上,如梁、柱、墙上;在混凝土结构上预埋铁件,将支架焊在铁件上,针总高不超过 7 m,将避雷针用 U 形螺栓卡固在支架上;如砖墙安装应为 MU10 机制砖,可预留洞口或打眼安装支架,支架应用细石混凝土捣牢;不得将避雷针安装在轻质砖墙上,否则应预留混凝土块将支架浇注在混凝土块里,砌组砖墙时,同时砌组墙内,做法可参照图 6—16 所示。

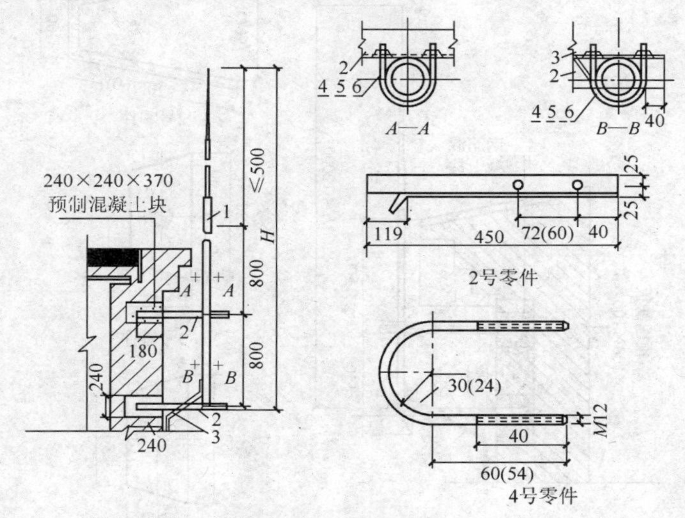

图 6—16　避雷针在砖墙上安装(单位:mm)

1—避雷针;2—支架;3—引下线;4—U 形螺栓;5—螺母;6—垫圈

注:①本图适用于基本风压为 70 kg/m² 以下地区,针顶标高不超过 30 m。

②针管为 G50 时用括号外的数字,针管为 G40 时用括号内的数字。

③3、2 号零件和预制混凝土块可向土建提资料,由土建施工。

当针高超过 7 m 时,不宜在砖墙上安装,可在混凝土结构上安装,安装应在浇灌混凝土前,钢筋绑扎完成时预埋铁件,安装可配合土建进行,也可将资料提供给土建,由土建施工;制作安装可参照图 6—17 所示。

3. 屋面避雷针制作安装

屋面避雷针安装应将避雷针支座设在墙上或梁上,如放在板上应校验板的荷载是否满足避雷针的要求。

避雷针安装前,应在屋面施工时配合土建浇灌好混凝土支座预留好地脚螺栓,地脚螺栓最少有 2 根与屋面、墙体或梁内钢筋焊接。待混凝土强度达到要求后,再安装避雷针,连接引下线。混凝土支座也可将资料提供给土建施工,因支座应与屋面板同时施工。

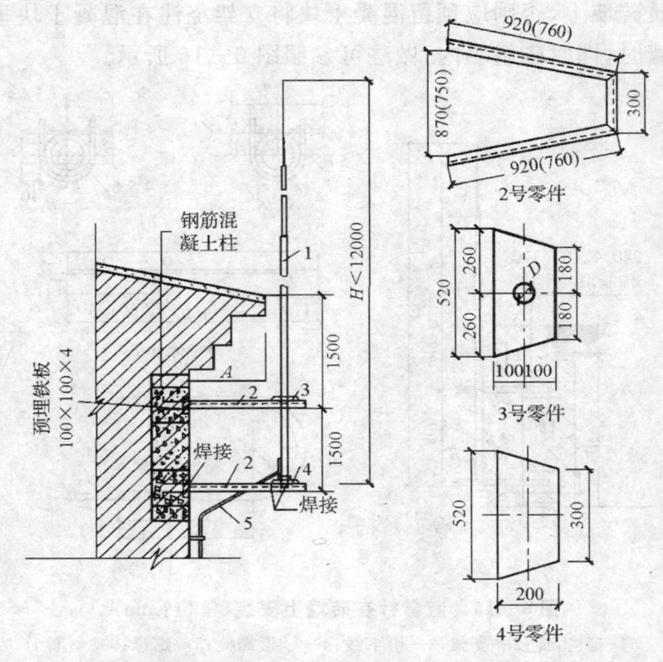

图 6—17　避雷针在混凝土柱、墙上安装(单位:mm)

1—避雷针;2—支架;3—上支持板;4—下支持板;5—引下线

注:①本图适用于基本风压为 70 kg/m² 以下地区,针顶标高不超过 30 m。

②图中括号内的数字用于≤400 mm,括号外的数字用于 400 mm<A≤600 mm。

③钢筋混凝土柱、墙用≥C20 混凝土现浇。

安装避雷针时,先组装避雷针,在底座板相应位置上焊一块肋板将避雷针立起,找直、找正后进行点焊,然后加以校正,焊上其他三块肋板。避雷针安装要牢固,参见图 6—18 所示。焊接引下线,与设计的其他避雷针、避雷网焊接成一个电气通路。

【技能要点 4】暗装避雷带

避雷带暗装,常沿屋面或女儿墙、挑檐等暗敷,此时应在土建做女儿墙压顶,如图 6—19 所示。防水屋面保温层施工或刚性防水屋面浇注混凝土前敷设,要求避雷带位置正确,焊接长度合格,与引下线和突出物面的金属体焊接,卡接可靠。

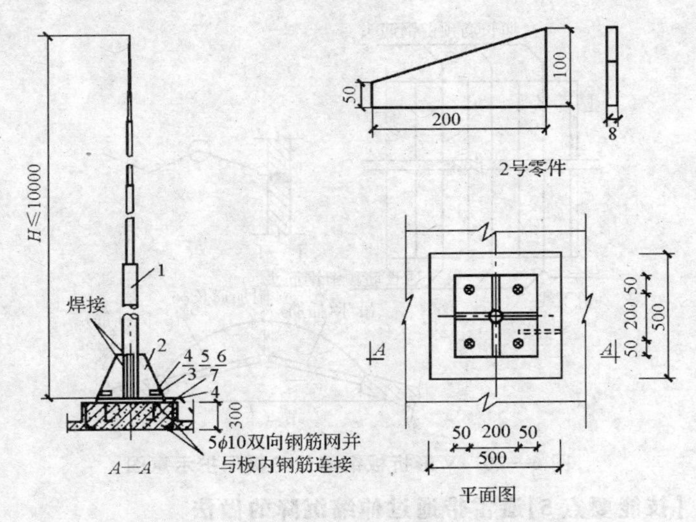

图 6—18　避雷针在屋面上安装(单位:mm)

1—避雷针;2—肋板;3—底板;4—底脚螺丝;5—螺母;6—垫圈;7—引下线

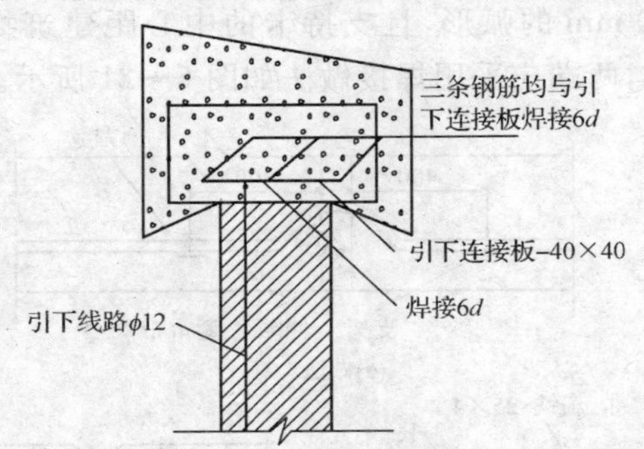

图 6—19　利用女儿墙的钢筋混凝土压顶内部钢筋作避雷带做法

用建筑物 V 形折板内钢筋作避雷带,折板插筋与吊环和钢筋绑扎,通长筋应和插筋、吊环绑扎,折板接头部位的通长筋在端部顶留钢筋 100 mm 长,便于与引下线连接。

等高多跨搭接处通长筋与通长筋应绑扎,不等高多跨交接处,通长筋之间应用 ϕ8 mm 圆钢连接焊牢,绑扎或连接的间距为 6 m。做法如图 6—20 所示。

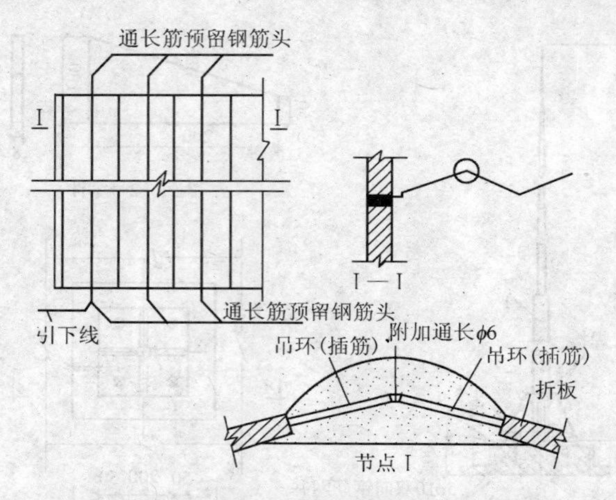

图 6—20　V 形折板钢筋作防雷保护示意图

【技能要点 5】避雷带通过伸缩沉降的做法

避雷带通过建筑物伸缩沉降缝时，将避雷带向侧面或下面弯成半径为 100 mm 的弧形，且支持卡的中心距建筑物边缘距离减少至 400 mm，两端应采用焊接做法如图 6—21 所示。

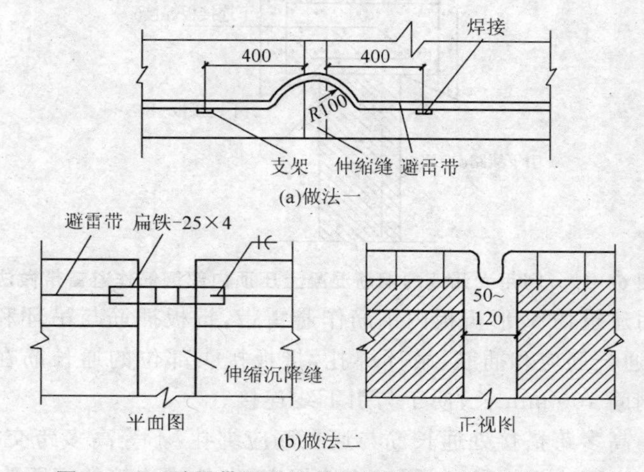

图 6—21　避雷带通过伸缩沉降缝的做法(单位:mm)

【技能要点 6】质量标准

1. 主控项目

建筑物顶部的避雷针、避雷带等必须与顶部外露的其他金属物体连成一个整体的电气通路，且与避雷引下线连接可靠。

检验方法：观察检查和检查安装记录。

2. 一般项目

(1)避雷针、避雷带应位置正确，焊接固定的焊缝饱满无遗漏，螺栓固定的应备帽等防松零件齐全，焊接部分补刷的防腐油漆完整。

检验方法：观察检查。

(2)避雷带应平正顺直，固定点支持件间距均匀。固定可靠，每个支持件应能承受大于 49 N(5 kg)的垂直拉力。当设计无要求时，支持件间距水平直线部分 0.5～1.5 m 垂直直线部分，弯曲部分 0.3～0.5 m。

检验方法：检查拉力试验记录，观察或尺量检查。

(3)避雷针体垂直，避雷网规格尺寸和弯曲半径正确。避雷针针体垂直度偏差不大于顶端针杆的直径。

检验方法：吊线尺量或观察检查。

第七章　工程电气设备安装调试工安全操作技术

第一节　触电与急救

【技能要点 1】触电

（1）触电的种类，见表 7—1。

表 7—1　触电的种类

种类	内容
直接触电	电气设备在安全正常的运行条件下，人体的任何部位触及带电体（包括中性导体）所造成的触电
间接触电	电气设备在故障情况下，如绝缘损坏或失效，人体的任何部位接触设备的带电的外露可导电部分和外界可导电部分，所造成的触电。间接接触有跨步电压、接触电压触电
感应电压电击	带电设备由于电磁感应和静电感应作用，将会在附近的停电设备上感应出一定电位，从而发生电击触电
雷电电击	雷电是自然界中的一种电荷放电现象，如人体正处于或靠近雷电放电的途径，可能遭受到雷电电击
残余电荷	电击由于电气设备的电容效应，使之在刚断开电源后，尚保留一定的残余电荷，当人体接触时，就会通过人体而放电，形成电击
静电电击	由于物体在空气中经摩擦而带有静电荷，静电荷大量积累形成高电位，一旦放电也会对人身造成危害

（2）触电的伤害，见表 7—2。

表 7—2　触电的伤害

项目	内容
电击	电击对人体所引起的伤害，以心脏为最要害部位。由于电流刺激人体心脏，引起心室的纤维颤动、停搏和电流引起呼吸中枢神经麻痹，导致呼吸停止而造成死亡

续上表

项目	内容
电伤	电流的化学效应会造成电烙印和皮肤炭化；电流热效应则会造成电灼伤；电磁场能量也会由于辐射作用造成头晕、乏力和神经衰弱等不适症状

【技能要点 2】触电急救

触电急救的方法，见表 7—3。

表 7—3 触电急救的方法

项目		内容
脱离电源	触电者触及低压带电设备	救护人员应设法迅速切断电源，如拉开电源开关或刀闸，拔除电源插头等；或使用绝缘工具、干燥的木棒、木板、绳索等不导电的东西解脱触电者；也可抓住触电者干燥而不贴身的衣服，将其拖开，切记要避免碰到金属物体和触电者的裸露身躯，也可戴绝缘手套或将手用干燥衣物等包裹起来绝缘后解脱触电者；救护人员也可站在绝缘垫上或干木板上，绝缘自己进行救护
	触电者触及高压带电设备	救护人员应迅速切断电源，或用适合该电压等级的绝缘工具（戴绝缘手套、穿绝缘靴并用绝缘棒）解脱触电者。救护人员在抢救过程中应注意保持自身与周围带电部分必要的安全距离
	触电发生在架空线杆塔上	如系低压带电线路，若可能立即切断线路电源的，应迅速切断电源，或者由救护人员迅速登杆，系好自己的安全皮带后，用带绝缘胶柄的钢丝钳、干燥的不导电物体或绝缘物体将触电者拉离电源；如系高压带电线路，又不可迅速切断电源开关的，可采用抛挂足够截面的适当长度的金属短路线方法，使电源开关跳闸。抛挂前，将短路线一端固定在铁塔或接地引下线上，另一端系重物。抛掷短路线时，应注意防止电弧伤人或断线危及人员安全。不论在哪种电压等级的线路上触电，救护人员在使触电者脱离电源时都要防止发生高处坠落的可能，防止再次触及其他有电线路的可能

续上表

项目		内容
脱离电源	如果触电者触及断落在地上的带电高压导线	如尚未确证线路无电，救护人员在未做好安全措施（如穿绝缘靴或临时双脚并紧跳跃地接近触电者）前，不能接近断线接地点附近半径为 8～10 m 范围内，防止跨步电压伤人。触电者脱离带电导线后亦应迅速带至 8～10 m 以外处，立即开始触电急救。只有在确定线路已经无电，才可在触电者离开触电导线后，立即就地进行急救
脱离电源后的急救方法	触电伤员脱离电源后如神态清醒	应使其就地躺平，严密观察，暂时不要走动或站立。如神志不清，应就地躺平，且确保气道畅通，并用 5 s 时间呼叫伤员或轻拍其肩部，以判定伤员是否意识丧失，禁止用摇动伤员头法来呼叫伤员
	对于意识丧失的触电伤员	应在 10 s 内，用看、听、试的方法，判定伤员呼吸心跳情况。若既无呼吸又无颈动脉搏动，可判定呼吸心跳停止。若出现呼吸、心跳均停止时应立即按心肺复苏法支持生命的三项基本措施，正确进行就地抢救，并速请医生诊治或送往医院。但救护人员不能消极等待医生，抢救工作始终不能停止，即使在送往医院途中也不能暂停抢救
抢救触电伤员生命的心肺复苏法	通畅气道	触电呼吸停止时，重要的是要始终保持气道通畅，可采用仰头抬颏的办法，用一只手放在触电者前额，另一只手的手指将其颌骨向上抬起，两手协同将头部推向后仰，舌根随之抬起，气道即可通畅。 通畅气道时要注意禁止用枕头或其他物品垫放在伤员头下，这样会加重气道阻塞，且使胸外按压时流向脑部的血液减少甚至消失
	口对口人工呼吸	在保持伤员气道通畅的同时，救护人员用放在伤员额上的手指捏住伤员鼻子，救护人员深吸气后与伤员口对口紧合，在不漏气的情况下，先连续大口吹气两次，每次 1～1.5 s。如两次吹气后试测颈动脉仍无搏动，可判定心跳已经停止，要立即同时进行胸外按压。正常口对口人工呼吸的吹气量不需过大，以免引起胃膨胀。施行速度每分钟 12 次，儿童则为 20 次。吹气和放松时，要注意伤员胸部应有起伏的呼吸动作。吹气时如有较大阻力，可能是头部后仰不够，应及时更正

续上表

项目		内容
抢救触电伤员生命的心肺复苏法	胸外按压	①确定正确的按压位置：将触电者仰卧，用右手的食指和中指沿右侧肋弓下缘向上，找到肋骨和胸骨接合处的中点，然后两手指并齐，将中指按在剑突底部，食指平放在胸骨下部，这时另一只手掌根要紧挨食指上缘，置于胸骨上，即为正确的按压位置。②掌握正确的按压姿势：救护人员跪或立在伤员的一侧肩旁，救护人员的两肩位于伤员胸骨正上方，两臂伸直，肘关节固定不屈，两手掌根相叠，手指翘起，使得不接触伤员胸壁。然后以髋关节为支点，利用上身重力，垂直将触电人（成人）胸骨压陷 3～5 cm（儿童和瘦弱者酌减）。当压至要求程度后，应全部放松，注意在放松时救护者的掌根不得离开胸壁，以免再次按压时造成撞击。③操作频率；胸外按压要均匀速度施行，一般每分钟 80 次左右，每次按压和放松的时间相等，若胸外按压与口对口人工呼吸同时进行，操作频率为单人施救时；每按压 15 次后吹气 2 次，反复进行；双人施救时，每按压 5 次后再吹气 1 次。④触电急救中不可滥用药物：现场急救中，对采用肾上腺素等药物应持慎重态度，如没有必要的诊断设备条件和足够的把握，不得乱用。在医院内抢救时，由医务人员经医疗仪器设备诊断，根据诊断结果决定是否采用

第二节　防治触电措施

【技能要点 1】间接触电防护措施

(1)用自动切断供电电源的保护，并辅以总等电位连接。自动切断供电电源的保护是根据低压配电网的运行方式和安全需要，采用适当的自动化元件和连接方法，使得发生故障时能够在预期时间内自动切断供电电源，防止接触电压的危害。通常采用过电流保护（包括接零保护）、漏电保护，故障电压保护（包括接地保护）、绝缘监视器等保护措施。

为了防止上述保护失灵,辅以总等电位连接,可大幅度降低接地故障时人所遭受的接触电压。

(2)采用双重绝缘或加强绝缘的电气设备。Ⅱ类电工产品具有双重绝缘或加强绝缘的功能,因此采用Ⅱ类低压电器设备可以起到防止间接接触触电的作用,而且不需要采用保护接地的措施。

(3)将有触电危险的场所绝缘,构成不导电环境。这种措施是防止设备工作绝缘损坏时人体同时触及不同电位的两点。电气设备所处使用环境的墙和地板系绝缘体,当发生设备绝缘损坏时可能出现不同电位的两点之间的距离若超过 2 m,即可满足这种保护条件。

(4)采用不接地的局部等电位连接的保护。对于无法或不需要采取自动切断供电电源防护的装置中的某些部分,要以将所有可能同时触及的外露可导电部分,以及装置处可导电的部分用等电位连接线互相连接起来,从而形成一个不接地的局部等电位环境。

(5)采用电气隔离。采用隔离变压器或有同等隔离性能的发电机供电,以实现电气隔离,防止裸露导体故障带电时造成电击。被隔离的回路电压不应超过 500 V,其带电部分不能同其他回路或大地相连,以保持隔离要求。

【技能要点 2】直接触电防护措施

(1)绝缘防护将带电体进行绝缘,以防止与带电部分有任何接触的可能。被绝缘的设备必须满足该电气设备国家现行的绝缘标准,一般单独用涂漆、漆包等类似的绝缘来防止触电是不够的。

(2)屏护防护采用遮栏和外护物,防止人员触及带电部分的保护,遮栏和外护物在技术上必须遵照有关规定进行设置。

(3)障碍防护采用阻挡物进行保护。对于设置的障碍必须防止这样两种情况的发生:一是身体无意识地接近带电部分;二是在正常工作中,无意识地触及运行中的带电设备。

(4)保证安全距离的防护。为了防止人和其他物体触及或接近电气设备造成事故,要求带电体与地面、带电体与其他设施的设备之间、带电体与带电体之间必须保持一定的安全距离。凡能同时触及不同电位的两部位间的距离，严禁在伸臂范围以内。在计算伸臂范围时，必须将手持较大尺寸的导电物体考虑在内。

（5）采用漏电保护装置。这是一种后备保护措施，可与其他措施同时使用。在其他保护措施一旦失效或者使用者不小心的情况下，漏电保护装置会自动切断供电电源，从而保证工作人员的安全。

第三节　电气作业安全措施

【技能要点1】电气作业安全组织措施

（1）在高压设备上工作必须遵守下列各项规定：

1）填用工作票或口头、电话命令；

2）至少应有两名合格电工同时一起工作；

3）执行保证工作人员安全的组织措施和技术措施。

（2）在电气设备上工作，保证安全的组织措施主要包括：

1）工作票制度；

2）工作许可制度；

3）工作监护制度；

4）工作间断、转移和终结制度。

【技能要点2】电气作业安全技术措施

（1）停电。在检修设备时，必须把各方向可能来电的电源完全断开（任何运行中的星形接线设备的中性点，必须视为带电设备），且应使各方向至少有一个明显的断开点。

（2）验电工作前，必须用电压等级合适的验电器，对检修设备的进出线两侧各相分别验电。

（3）装设接地线。装设接地线是防止突然来电的唯一可靠的安全措施。同时设备断开部分的剩余电荷，也可因接地而放尽。

（4）悬挂标示牌和装设遮栏。在断开的开关和刀闸操作手柄上，均应悬挂“禁止合闸，有人工作”的标示牌。当检修工作中与其

他带电设备的距离小于规定的安全距离时，应加装临时遮拦。35 kV及以下设备的临时遮拦，如因工作需要，可用经耐压试验合格的绝缘挡板与带电部分直接接触。

【技能要点3】低压电气作业安全措施

(1)低压电气设备上停电作业的安全措施。对低压电气设备停电工作，应得到电气部门负责人的同意或持有工作票，并完成下列安全措施：

1)将检修设备的各方向电源断开，取下熔断器，在刀闸操作把手上挂“有人工作，禁止合闸”的标示牌，必要时加锁。

2)对于工作中容易偶然触及或可能接近的导电部分，应加装临时遮拦或护罩。

3)工作前必须验电。

4)对于可能送电至检修设备的电源侧或有感应电的设备上，还应装设携带型接地线。

5)根据现场需求采取其他安全措施。

(2)低压间接带电作业的安全措施。低压间接带电作业，系指人体与带电设备非直接接触，即工作人员手握绝缘工具对带电设备进行的工作。间接带电工作要遵守以下规定：

1)低压带电作业人员应经过训练并考试合格，工作中由有经验的电气工作人员监护。使用有绝缘柄的工具，工作时站在干燥的绝缘物上进行，并戴手套和安全帽。必须穿长袖衣工作，禁止使用锉刀、金属尺和带金属物的毛刷、毛掸等工具。

2)间接带电作业应在天气良好的条件下进行，且作业范围内由气回路的漏电保护器必须投运。

3)在低压配电装置上进行工作时，应采取防止相间短路和单相接地短路的隔离措施。

4)在紧急情况下，允许用有绝缘柄的钢丝钳断开带电的绝缘照明线。断线时要一根一根地进行，断开点应在导线固定点的负荷侧。

5)带电断开配电盘或接线箱中的电压表和电能表的电压回路

时，必须采取防止短路或接地的措施；严禁在电流互感的二次回路进行带电工作。

(3)低压线路带电作业的安全措施。除了作好上述间接带电作业的有关安全措施外，还要遵守以下规定：

1)上杆前，应先分清相、零线，断开导线时，先断相线，后断零线，搭接时顺序相反。

2)工作前，应检查与同杆架设的高压线的安全距离，采取防止误碰带电高压设备的措施。

3)在低压带电导线未采取绝缘措施时，工作人员不得穿越。还要注意，切不可使人体同时接触两根导线。

(4)电气测量作业的安全措施。

1)电气测量工作应在无雷雨和干燥的天气下进行。测量一般由两人进行，即一人操作，一人监护。

2)测量时应戴白纱手套或绝缘手套。

3)摇测低压设备绝缘电阻时，应使用 500 V 绝缘摇表。

4)电压测量工作应在小容量开关或熔丝的负荷侧进行，不允许直接在母线上测量。测量配电变压器低压侧的线路负荷时，可使用钳形电流表，使用时应防止短路或接地。

(5)移动式电器具的安全使用。

1)电钻、振动器、手提砂轮或其他手提式电动工具。为了确保使用安全，除了外壳接地，加强检查外，在使用中还要戴好橡胶绝缘手套，两脚站在绝缘垫上或穿绝缘鞋工作，以确保安全。

手提式电钻使用前应检查引线、插头是否完整无损，通电后，可用试电笔检查一下是否漏电。调换钻头时，必须将插头拔掉。工作时如发现麻电，就立即切断电源，进行绝缘检查。

2)电风扇每年使用前，应经过全面的检验，其中包括绝缘电阻测试(应不小于 2 MΩ)，风扇开关、引线、插头、金属外壳接地等是否完好、正确。

3)行灯。行灯电压应为 36 V，但在特别危险场所(如锅炉、蒸发器及金属窗口等内部进行工作时)，使用的行灯电压不允许超过

12 V。其电源变压器通常采用安全隔离变压器，禁止用自耦变压器代替行灯变压器。

使用行灯时，行灯变压器不准放在锅炉、加热器、水箱等金属容器内和特别潮湿的地方。行灯变压器至少每月进行一次全面检查。

4)对于移动电器具，各单位应建立专人保管、定期检查和使用发放制度。

(6)低压临时用电的安全措施。临时用电一般为基建工地，农田水利以及市政建设等用电。工矿企业及事业单位，有时也有突击性使用时间短暂的临时用电，但必须得到有关领导及安技部门同意后才可装设。

1)临时用电时间一般不超过 6 个月，且不得向外转供电。

2)临时线路安装要符合安全要求，并指定专人负责，使用中要定期检查，用毕即行拆除，严禁私拉乱接。

3)在电源和用电处均应装设开关箱，开关箱内必须装设漏电保护器，对每台用电设备要做到“一机一闸一器”。

4)电气设备的金属外壳需采用保护接地或保护接零。

【技能要点 4】自发电及双电源用户使用安全措施

自发电及双电源用户使用安全措施，见表 7—4。

表 7—4　自发电及双电源用户使用安全措施

项目	内容
防止倒送电的组织措施	(1)自发电、双电源用户事先必须向供电部门提出申请，并经批准后方可使用。 (2)供电企业和用户签订自发电协议、双电源使用协议，明确供电范围、安全技术措施以及防倒送电的负责人
防止倒送电的技术措施	双电源和自发电用户应根据其容量和用电负荷性质的不同，分别采用加装双投刀闸、电气连锁装置等措施。自发电用户的接地装置不得与网供接地装置相连
自备发电机组并网运行的用户	须与供电部门签订并网运行协议，加装准同期装置。对用断路器并网的自发电机组，应在断路器控制回路中加装同期检查继电器触点、防止非同期并列

第四节　电气防火与防爆

【技能要点1】电气火灾与爆炸的预防措施

电气火灾与爆炸的预防措施，见表7—5。

表7—5　电气火灾与爆炸的预防措施

项目	内容
原因	(1)易燃易爆的环境，也就是存在易燃易爆物及助燃物质。 (2)电气设备产生火花、危险的高温。其原因有正常运行、设备老化及故障情况下产生的电弧、火花及高温
主要措施	(1)防止产生火源及高温的措施有：①正确选择设备，正确接线；②加强绝缘监察，保持合格的电气绝缘强度；③注意充油设备的巡回检查、防渗、防漏；④进行合理的保护整定；⑤保持设备清洁；⑥采用防误操作闭锁装置；⑦严格按周期检修设备。 (2)保持必要的防火距离。 (3)采用耐火设施

【技能要点2】电气火灾扑救方法

电气火灾扑救方法，见表7—6。

表7—6　电气火灾扑救方法

项目	内容
切断电源灭火	发生电气火灾后应尽可能先切断电源再扑救，防止人身触电。切断电源应按规定的操作程序进行，防止带负荷拉隔离开关，采用工具切断电源时应使用绝缘工具，戴绝缘手套，穿绝缘靴。夜间扑救还应注意照明
带电灭火	(1)带电灭火必须使用不导电灭火剂，如二氧化碳、1211、干粉灭火器、四氯化碳等。 (2)扑救时应戴绝缘手套，与带电部分保持足够的安全距离。 (3)当高压电气设备或线路发生接地时，室内扑救人员距离接地点不得小于4 m，室外不得小于8 m，进入上述范围应穿绝缘靴、戴绝缘手套。 (4)扑救架空线路跨火灾时，人体与带电导体仰角不大于45°

续上表

项目	内容
充油设备的灭火	充油设备发生火灾时，首先要切断电源，再用干燥黄沙盖住火焰。在火势严重的情况下，可进行放油，在储油池内用灭火剂灭火。禁止用水灭燃油火头
旋转电机的灭火	扑救旋转电机的火灾时，应防止轴承变形，可使用喷雾水流均匀冷却，不得用大水流直接冲射，另外可用二氧化碳、1211、干粉灭火器扑救。严禁用黄沙扑救，防止进入设备内部损坏机芯

参考文献

[1]《建筑施工手册》第四版编写组．建筑施工手册[M]. 第4版．北京:中国建筑工业出版社,2003.

[2] 北京土木建筑学会．安装工程施工技术手册[M]. 武汉:华中科技大学出版社,2008.

[3] 何利民,尹金英,刘家玙．电工手册[M]. 北京:中国建筑工业出版社,2006.

[4] 祁政敏．施工现场临时用电安全手册[M]. 北京:中国计划出版社,2006.

[5] 陆荣华,史湛华．建筑电气安装工长手册[M]. 北京:中国建筑工业出版社,2007.

[6] 建设部人事教育司．建筑电工[M]. 北京:中国建筑工业出版社,2007.

[7] 姜敏．电工操作技巧[M]. 北京:中国建筑工业出版社,2003.

[8] 姜敏．现场电工[M]. 北京:中国建筑工业出版社,1998.

[9] 郎禄平．建筑电气设备安装调试技术[M]. 北京:中国建材工业出版社,2003.

[10] 史湛华．建筑电气施工百问[M]. 北京:中国建筑工业出版社,2006.